ニュートン式
超図解
最強にわかる!!

死とは何か

はじめに

この世に生まれたものはすべて，老いて死にます。これはだれにもさけることのできない宿命です。私たちはなぜ老いて死ぬのでしょうか。死へと向かう過程で，体の中でいったい何がおきるのでしょうか。そして，生と死の境界は，いったいどこにあるのでしょうか。死や老化についての疑問はつきません。

私たちヒトをはじめ，多くの生き物には寿命があります。しかし，大腸菌のように寿命をもたずに，いつまでも生きつづけられる不死の生き物もいます。実は，生命が誕生してからおよそ20億年の間，そういうった寿命をもたない生物ばかりだったと考えられています。それにもかかわらず，なぜ私たちヒトは，死ぬ宿命を背負うことになったのでしょうか。そこには，「性」の誕生と深い関係があると考えられています。

本書では，寿命や死，そして老化にまつわる不思議を“最強に”わかりやすく解説します。どうぞお楽しみください！

ニュートン式 超図解 最強にわかる!!

死とは何か

1.「生」と「死」の境界線

2. 死へとつながる老化

3. 細胞の死が，人の死をみちびく

4. 寿命は有性生殖とともに生まれた

1.「生」と「死」の境界線

「死とは何か」。誰もが一度は考えたことがあるのではないでしょうか。第1章では，どのような状態を死というのか，生と死の境界線はどこにあるのかをみていきましょう。

1 人の「死」を決定づける，三つの特徴

死亡判定は，医師が行う

だれにもいつか必ず訪れる「死」。人はどのような状態になったら，死亡したと判定されるのでしょうか。

だれが見ても明らかに死亡している状態でないかぎり，死亡判定は医師（歯科医師を含む）が行います。**「心拍の停止」「呼吸の停止」そして「瞳孔反応の消失」が確認されたとき，死亡と判定されます。**これら三つは，「死の三兆候（死の三徴）」とよばれています。

瞳孔反応が消失すると，脳幹は機能を失っている

瞳孔反応とは，黒目の中央部である瞳孔が，強い光に対しては小さく，弱い光に対しては大きくなることです。瞳孔反応が消失すると，生存に必要な「脳幹」が機能を失っていると考えられます。

死の三兆候は，心臓，肺，脳という，生命維持にとって欠かすことのできない器官の機能停止を意味します。ただし死の三兆候は，「その後，目を覚ますことはない」という経験則でしかありません。科学的に確固たる死の定義というわけではないのです。

心拍，呼吸，瞳孔で死を判定

人の死は，心拍の停止，呼吸の停止，瞳孔反応の消失という三つの兆候で判定されるのが一般的です。ただし，これらは経験則にもとづく判定であり，科学的な死の定義ではありません。

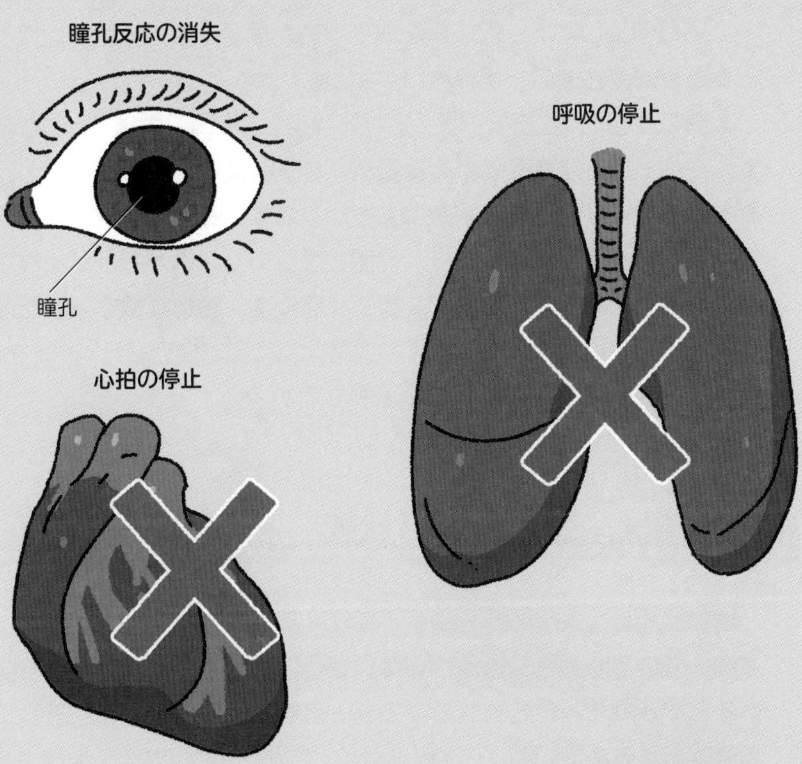

テレビドラマで，倒れている人の目を開けて光を当てて，生死を確かめているのを見たことがあるよ。

2 似ているけど全然ちがう，植物状態と死

植物状態では，脳幹が機能している

心臓が停止したあとに一命を取りとめた場合，脳に後遺症が残ることがあります。その一例が，「植物状態」です。

大脳の表面（大脳皮質）と，それと連携している「視床」という部位が，虚血（血流の障害による低酸素状態）によって機能を失うと，意識を保てなくなり，昏睡状態におちいります。しかし1～2か月ほどで，目が開くようになったり，覚醒と睡眠のリズムがもどってきたりする場合があります。これが，植物状態です。**植物状態では，低酸素に比較的強い脳幹が，少なからず機能しています。**脳幹は呼吸など，生命維持に不可欠な機能をになう部位です。

植物状態は，死から遠い状態

植物状態は，3か月以上つづく意識障害の一種で，診断基準は，目を開いていても意思疎通は行えないこと，排泄をコントロールできないことなどです。自発的に呼吸でき，目を開けている時間と閉じている時間もあるので，死の三兆候はなく，死から遠い状態だといえます。また，医学的に正確な報告は多くないとされるものの，植物状態から回復する可能性もあると考えられています。

低酸素に強い脳幹

呼吸や覚醒にかかわる「脳幹」は，低酸素に比較的強いです。一方，記憶の中枢である「海馬」や，運動の中枢である「小脳」は，低酸素の影響を受けやすいです。

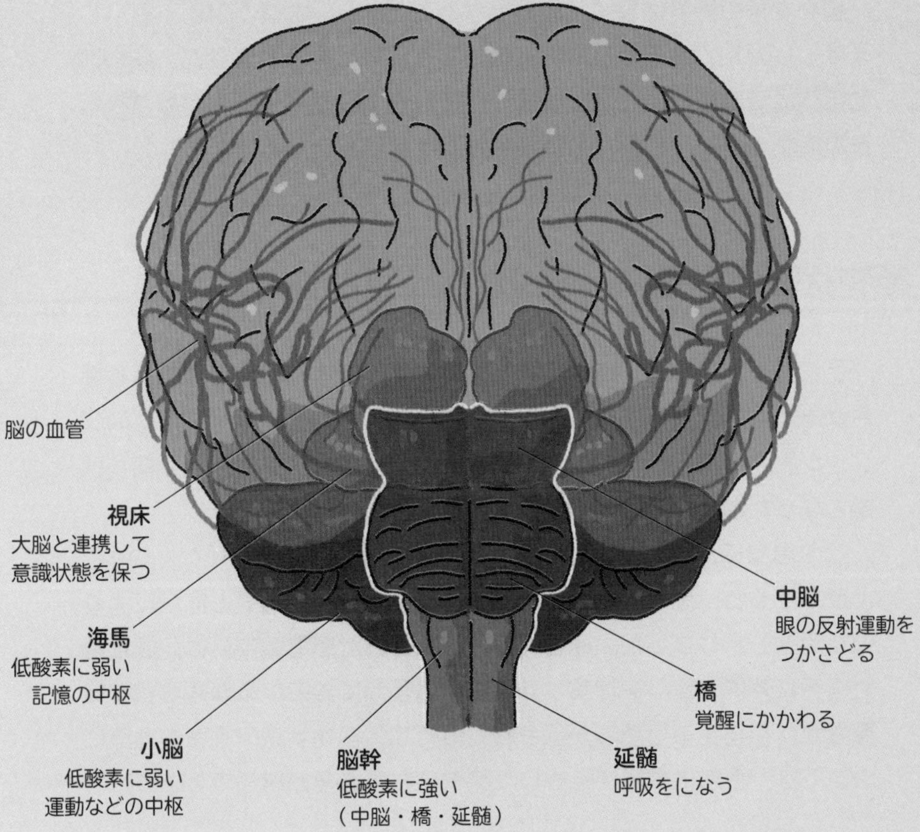

3 植物状態の脳は，ばらばらに活動している

植物状態の脳は，正常な意識を生みだせない

植物状態の患者は昏睡状態の患者とことなり，おきたり眠ったりします。しかし，外部からの刺激に対する反応は見られません。**脳の活動自体は活発に行われていますが，それらの脳活動は，いわばバラバラの活動であり，正常な意識を生みだせないといいます。**

植物状態の患者に，意識がある可能性も

ところが2006年，植物状態と診断された患者にも，意識のある場合がある可能性を示す実験結果が報告されました。イギリス，ケンブリッジ大学のエイドリアン・オーウェン博士らは，交通事故で植物状態となったある患者の脳の活動を調査しました。

この患者に，「テニスをしている状態を思い浮かべてください」とよびかけると，患者の脳は，同じことをいわれた健常者と非常によく似た活動を示しました。**植物状態と診断された患者の中には，健常者と同等に外界の言葉を理解し，正常な応答ができているかもしれない患者が，存在する可能性が示されたのです。**植物状態の患者の意識については，さらに慎重にくわしく調べられる必要があるでしょう。

植物状態の脳波

植物状態の患者の覚醒時の脳波は，健常者の覚醒時の脳波よりも振り幅は小さいものの，細かく変化しており，脳が活動していることがわかります。

1. 健常者の覚醒時の脳波

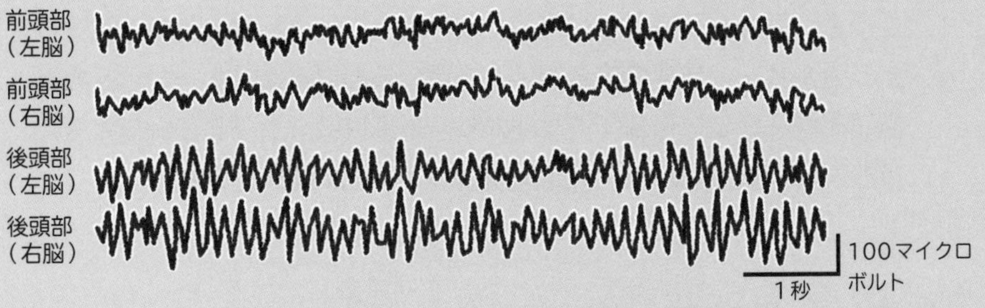

2. 植物状態の患者の覚醒時の脳波

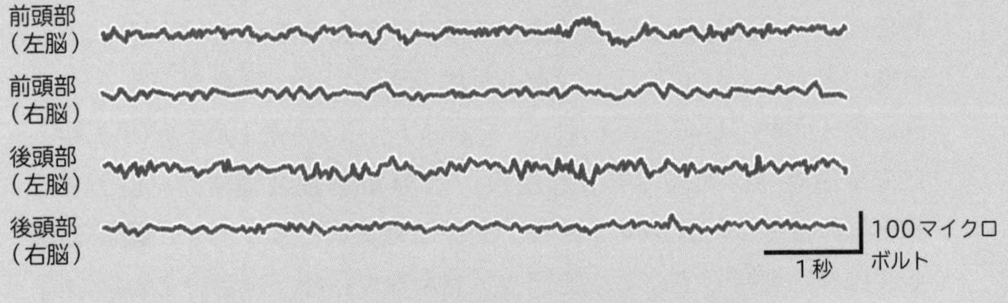

4 意識はあるのに体が動かない「閉じこめ症候群」

一見，植物状態と見分けがつかない「閉じこめ症候群」

仮にあなたの全身が麻痺して声も出せず，意思を伝えることができなくなったとしましょう。その場合，周囲のようすが目や耳などで把握でき，思考も通常どおりだったとしても，一見，植物状態と見分けがつきません。**通常の方法では人とほとんどコミュニケーションをとることができない状態でありながら，意識ははっきりしていると考えられている状態が，「閉じこめ（locked-in）症候群」です。**

意識は，健常者とほぼ同じ

閉じこめ症候群は，脳への血管が詰まり，脳幹の「橋」が低酸素状態になって，傷むことで主に生じます。まばたきをしたり，眼を上下方向に動かしたりすることはある程度できるため，意識があることに周囲の人が気づいてさえいれば，「はい」と「いいえ」の二択の質問などで意思疎通は可能です。難病の「ALS（筋萎縮性側索硬化症）」も，運動神経が徐々に死滅する結果，閉じこめ状態となります。**閉じこめ症候群は，覚醒していて，自己や外の世界を認識できているという点を考えると，健常な人の意識状態とほぼ同じだといえます。**

閉じこめ症候群の脳幹

「閉じ込め症候群」では，脳幹の腹側の橋の部分が損傷しています。腹側には，運動をつかさどる神経の経路があるため，ほぼ全身が動きません。

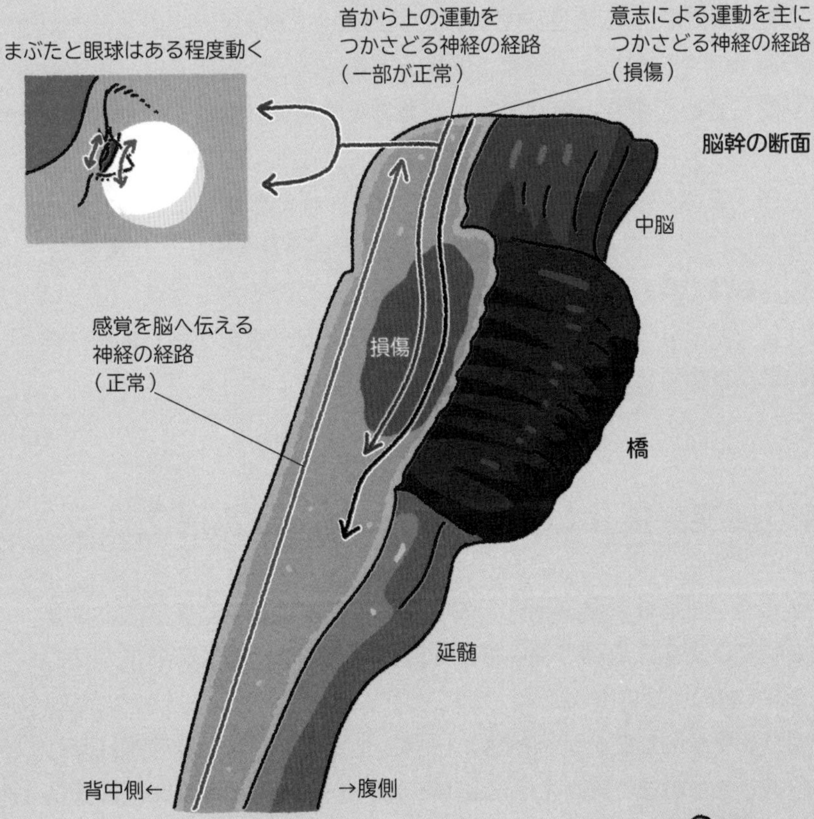

背中側の神経経路が傷ついていないから，
意識や感覚は正常だと考えられているケロ。

5 体は生きているのに，決して意識が戻らない「脳死」

脳が機能を失っても，体は生きた状態を維持できる

植物状態や閉じこめ症候群と似た状態に，1997年以降に法的に認められるようになった「脳死」があります。しかし脳死では，植物状態や閉じ込め症候群とちがって，自発呼吸や意識がなく，脳が機能を取りもどす見こみもありません。

従来，死は「死の三兆候」によって判定されてきました。しかし人工呼吸器の登場で，脳幹機能が失われて自発呼吸が停止した患者も，呼吸を維持できるようになりました。また，心臓はある程度，脳とは独立して拍動することができます。**つまり，脳が機能を失っても，体は生きた状態を維持できるのです。**これが脳死です。

脳幹の機能が停止していることが，重要視される

脳死の判定基準では，脳幹の機能が完全に停止していることが重要視されています。脳幹の機能停止を確認するには，複数の方法が使われます（右のイラスト）。

植物状態や閉じ込め症候群は，一見，生死のあいまいな状態に感じられるかもしれません。しかし脳幹の機能が残っているため，脳死とは，明らかにことなるのです。

脳死を判定する七つの方法

脳死を判定するためには，脳幹の機能停止を確かめます。その方法は七つあります。脳幹から出ている脳神経がになう，さまざまな反射が起きないことを確認します。

①瞳孔が動かない
ペンライトなどの光を当てたり，そらしたりしても，瞳孔の大きさが変わる「対光反射」がまったくみられない。

②まぶたを反射的に閉じない
綿棒などで目の角膜を刺激しても，まぶたを閉じる「角膜反射」がまったくみられない。

③痛みに反応しない
眼球が入っているくぼみと眼球の間を圧迫するなど，痛いはずの刺激を手や指，針で顔にあたえても，瞳孔が開く「毛様脊髄反射」がまったくみられない。

④耳の中まで水が入っても反応しない
氷水を耳の中（外耳道）へ注入しても，眼球が動く「前庭反射」がまったくみられない。

⑤目が動かない
頭を支え，左右に振っても，振られたのとは逆方向に眼球が動く「眼球頭反射」がみられない。

⑥⑦咳や嘔吐をしない
口から管をさしこんで，のどの奥を刺激しても，嘔吐の際にのどの筋肉をちぢませる「咽頭反射」がおきない。また，肺につながる気管支まで管を届かせても，「咳反射」や胸の動きがまったくみられない。

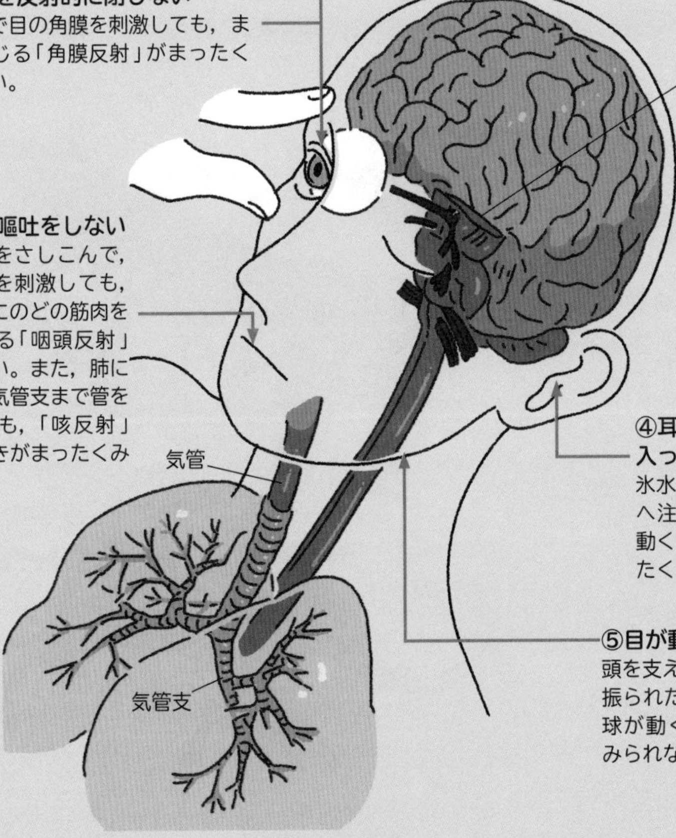

6 脳細胞は，3 ～ 4分の酸素不足で死にいたる

脳の神経細胞は酸素をものすごい速さで消費する

脳の細胞レベルでみると，死はどのようにして訪れるのでしょうか。

脳の情報処理をになう神経細胞は，ブドウ糖と酸素をものすごい速さで消費しています。酸素を使って，ブドウ糖を「アデノシン三リン酸（ATP）」という分子にかえつづけるためです。**ATPは，細胞内のエネルギー源となる分子です。神経細胞はATPを使って，細胞内外**

神経細胞の死のようす

死にゆく神経細胞は，正常なときとくらべて太く，ブヨブヨになってゆがんでいます。細胞膜の電気的なバランスがくずれ，水分子が細胞内に流れこむためです。

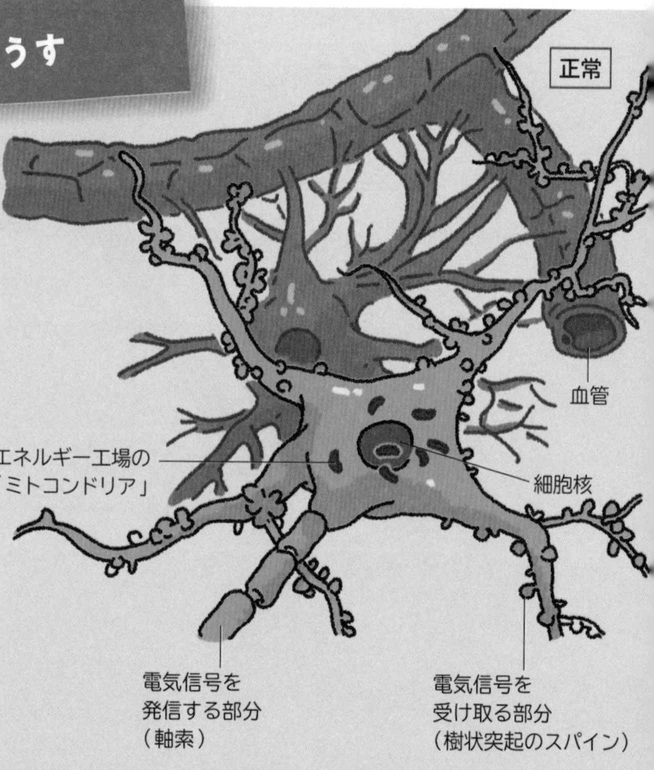

の電気的なバランスを保ち，生きた状態を維持しています。

酸素不足が続くとニューロンの形がゆがむ

しかし心臓が止まるなどして，神経細胞に酸素やブドウ糖が供給されない状態がつづくと，やがてATPが枯渇します。すると，細胞内外の電気的なバランスがくずれ，水分子が細胞内に流れ込みます。**神経細胞は，ブヨブヨになってゆがんでしまい，最終的に回復不能の状態となるのです。**

神経細胞が酸素不足になってから死に瀕するまでのタイムリミットは，3～4分間だといわれています。ただし人間では，実験的に確認されていません。

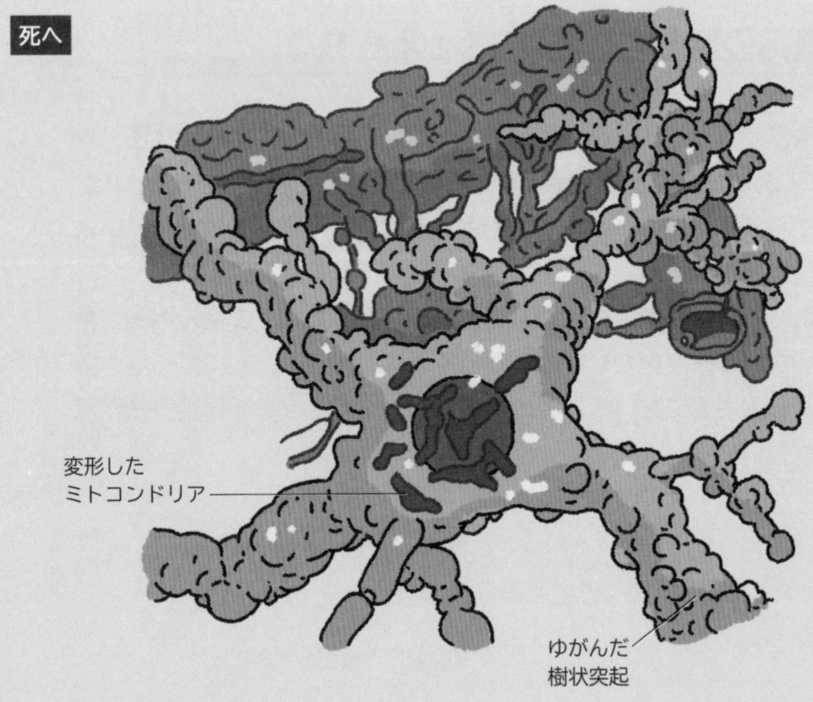

7 心臓マッサージで脳の死を食い止める

心肺停止から３分以内に心臓マッサージが必要

一般的に，心肺停止状態になった人を蘇生するには，３分以内に心臓マッサージなどをほどこす必要があります。この3分というのは，脳の神経細胞が死にはじめるまでの時間です。

前のページでみたように，血液によって運ばれるブドウ糖や酸素などのエネルギー源の供給が止まると，神経細胞は３～４分程度で死滅していくと考えられています。

神経細胞の活動は低温でおさえられる

心臓マッサージは，心停止している状態でも強制的に心臓に圧力を加えて，血流をつくりだす手段です。血液さえ脳に供給できていれば，少なからず脳にエネルギーが供給されるため，神経細胞の死をくいとめることができます。

また，神経細胞の活動は低温でおさえられるため，エネルギーが枯渇するまでの時間をかせぐことができます。そこで，とくに心臓の異常による脳損傷において，脳の温度を１～２℃下げる低体温療法が試みられています。

低体温にして脳を守る

心肺停止状態の人を蘇生するときには，脳の温度を1～2℃下げる低体温療法によって，脳の損傷の進行をおさえることができます。

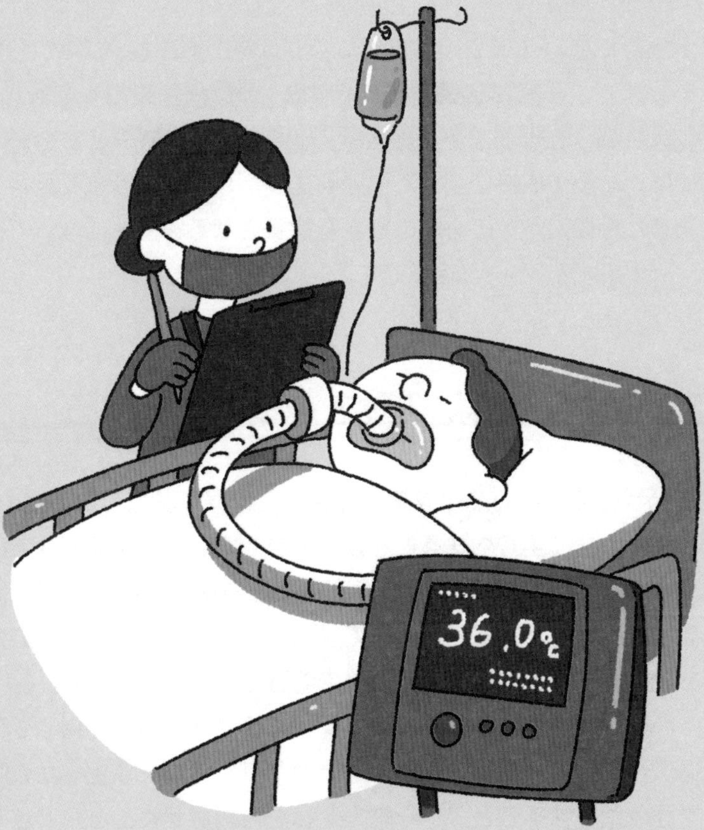

8 「心停止」でも，心臓が動いている場合がある

心筋が無秩序にふるえる「心室細動」

心臓が全身に血液を送り出せなくなる「心停止」には，いくつかの状態があります。**多くは心臓の筋肉（心筋）が無秩序にふるえる「心室細動」状態か，心臓が完全に停止する「心静止」状態のどちらかです。**心臓は，心筋の収縮によって血液を送りだします。うまく全身へ血液を送るために，無数の心筋の動きを協調させる役割をになっているのが，「洞房結節」という組織です。

AEDでばらばらな心筋の動きをリセットする

心室細動状態では，心筋が収縮するタイミングが乱れているため，心臓は血液をうまく全身へ送ることができません。**これを解消するには，AEDなどを使って電気ショックをあたえる必要があります。**ばらばらな心筋の動きが高電圧によってリセットされると，洞房結節がふたたび動き出すタイミングで，心筋の動きが協調し直します。

一方，心静止状態では心臓マッサージが重要です。血液を脳や心臓自身に循環させ，神経細胞の死をくいとめたり，活動を停止した心筋に栄養を届けたりすることで，心臓の活動を再開させることができる可能性があるのです。

心臓を協調させる洞房結節

心臓が活動するために，重要な役割をはたすのが「洞房結節」です。洞房結節は，心臓全体に電気信号を送り，心筋の動きを協調させています。

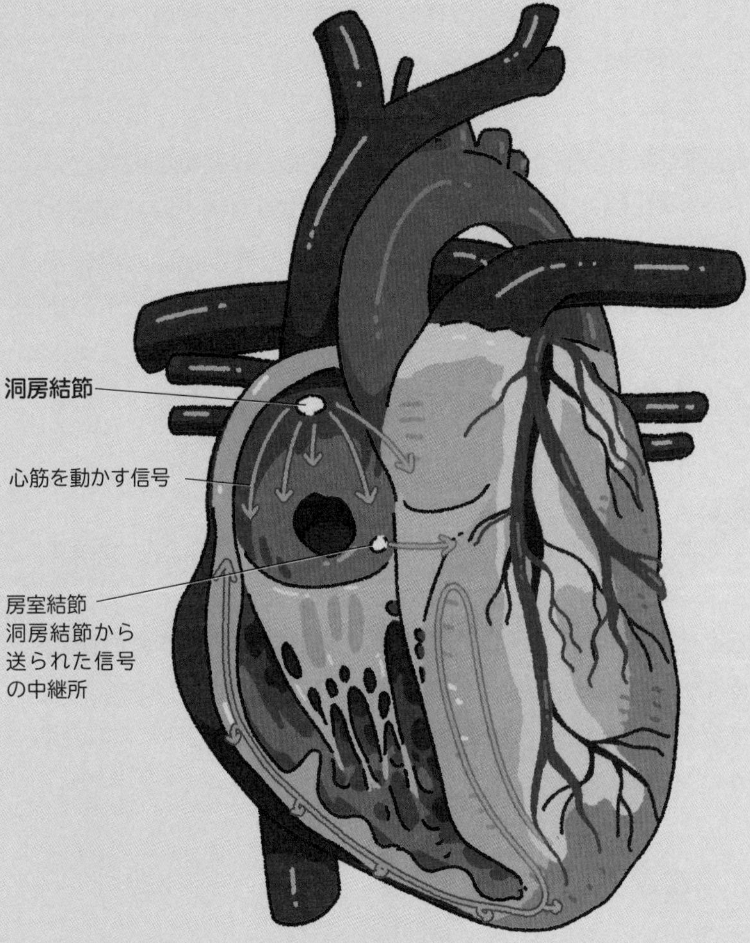

ゾンビの起源は，ブードゥー教

死者がよみがえる「ゾンビ」は，ホラー映画やゲームなどでおなじみです。さまざまな作品に登場するゾンビは，どのようにして生まれたのでしょうか。

ゾンビは，「ブードゥー教」という民間宗教の概念です。ブードゥー教はもともと，西アフリカからアメリカ大陸に奴隷として連れてこられた人たちによってつくられました。現在でも，カリブ海のハイチ共和国やアメリカ南部で信仰されています。ブードゥー教では，悪い呪術師からの攻撃を受けるなどすると，魂の抜けた人間になると考えられています。これがブードゥー教のゾンビです。

ゾンビになると死後，格の高い存在になれません。そのため生前はもちろんのこと，死後も魂を守ることが重要だと考えられています。**人が亡くなると，ゾンビにされるのを防ぐために，埋葬後に見張ったり遺体を切り裂いたりします。**そして死後7日たつと，死者の魂は，あの世である「ギネー」に旅立つと考えられています。

9 命がつきるとき，脳は最後の信号をだす

臨終の過程に，脳科学でせまる

死の間際，脳では何がおきるのでしょうか。臨終の過程に，脳科学でせまろうとする研究が行われています。

生命維持装置をはずしたあとの脳死患者の脳内の活動が，2018年2月に医学誌に報告されました（右下のイラスト）。血液循環が停止すると，脳内の酸素濃度が下がっていき，脳波が平坦になっていきま

終末拡延性脱分極

大脳の表面で出血がおきた場合など，出血した部位の近くの神経細胞で終末拡延性脱分極が発生します（左ページ）。右ページには，脳死患者の生命維持装置をはずしたあとの脳波や血圧，呼吸と終末拡延性脱分極の関連をグラフで示しました。

大脳の断面

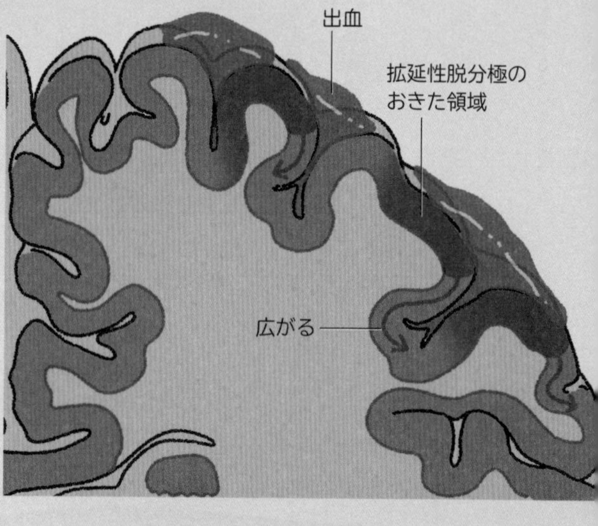

した。**そして最終的に，神経細胞で「終末拡延性脱分極」として知られる現象が観測されました。**これは神経細胞への酸素供給が断たれ，細胞内のエネルギー源（ATP）がなくなり，細胞内外のイオンのバランスがくずれて元にもどせなくなった破綻状態です。

生死を分ける最後の一線は，定かではない

ドイツ，シャリテ大学病院神経科教授のイェンス・ドレイアー博士は，上述の論文の中で，「終末拡延性脱分極は，死につながる最終的な変化の開始である可能性がある」とのべています。**つまり，命の“ほんとうの終わり”のシグナルなのかもしれません。**しかし，いまだ生死を分ける最後の一線は，定かではありません。

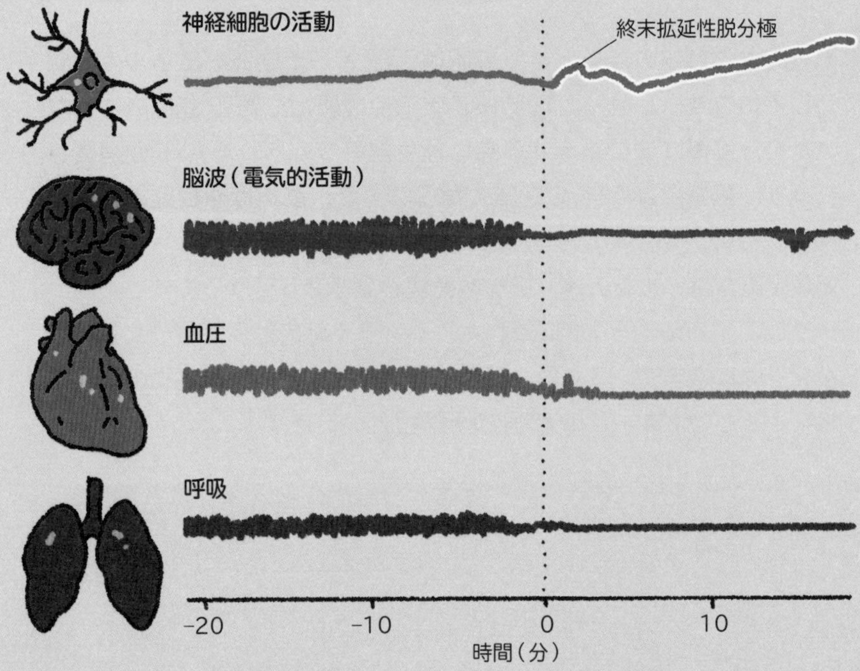

10 死後，筋肉はかたくなったあと，やわらかくなる

心肺停止の瞬間に，細胞がすべて死ぬわけではない

私たちの体は死後，どうなってしまうのでしょうか。

心肺機能が停止したからといって，その瞬間に全身の細胞がすべて死んでしまうわけではありません。とくに，皮膚の深い領域にある「線維芽細胞」や筋肉の細胞などは生命力が強く，死後数時間にわたって生きた状態を保ちます。

ATPの在庫がなくなると筋肉は硬くなる

筋肉が伸び縮みするとき，細胞はATPという物質をエネルギー源としています。しかし，心肺停止状態では新たにATPが生成されないため，筋肉が伸び縮みする際には生前につくられたATPが消費されます。**細胞内にATPの在庫がなくなると，筋肉は伸び縮みできなくなるため，かたくなります。**これが「死後硬直」です。一般的に，死後硬直がはじまるのは，死後数時間程度経過してからです。

そして，死後2日程度経過したころから，筋肉はふたたびやわらかくなりはじめます。これは，筋肉を分解する，酵素や微生物のはたらきによるものです。この過程を「緩解」といいます。

死後硬直と緩解

死後一定時間が経つと，筋肉が硬化していき，関節などが動かなくなります。いわゆる死後硬直です。そして死後２日程度たったころから，筋肉はふたたびやわらかくなります。

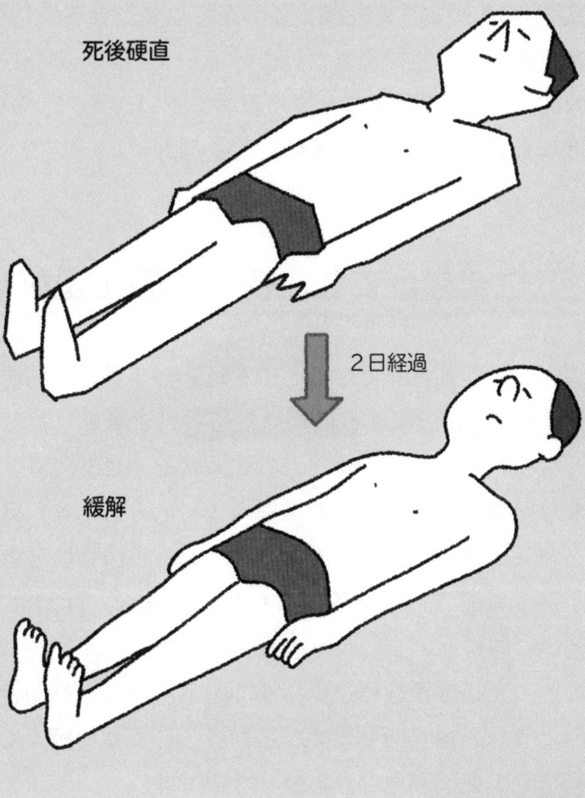

死ぬ直前に激しい運動をしていた場合，ATPの消費が早く，すぐに死後硬直がはじまることがあるケロ。

11 老衰には，明確な定義がない

日本人の老衰での死亡者数が，急増している

高齢者が大病や事故などを経験せずに亡くなることを，「老衰」ということがあります。厚生労働省が発表している日本人の死亡統計では，ここ20年間で，老衰での死亡者数が急増しています。この場合は，どのような過程を経て，死にいたるのでしょうか。

老化が進んで亡くなっても，何らかの死因がある

老衰は，医学的に定義されているものではありません。**法医学的には，診断書に「老衰」と記載することは推奨されません。**たとえ老化が進んで亡くなったとしても，何らかの死因があるはずです。たとえば，高齢になり筋肉が衰えると，つばをうまく飲みこめず，肺炎になって亡くなってしまうことがあります。カルテに「いわゆる老衰のようなもの」と書かれることはあるかもしれませんが，死因は「肺炎」とすべきだといいます。

老衰と聞くと，苦しみがなく，少しずつ眠るように息を引きとる特別な死に方のような印象があります。しかし，一人ずつ細かく確認すれば，必ず何らかの死因が見つかるはずなのです。

急増する老衰

一般的に，大きな病気やけがをすることなく亡くなったときに，老衰ということがあります。ここ20年間で，老衰での死亡者数はふえています。しかし，一人ずつ細かく確認すれば，何らかの死因がみつかるはずです。

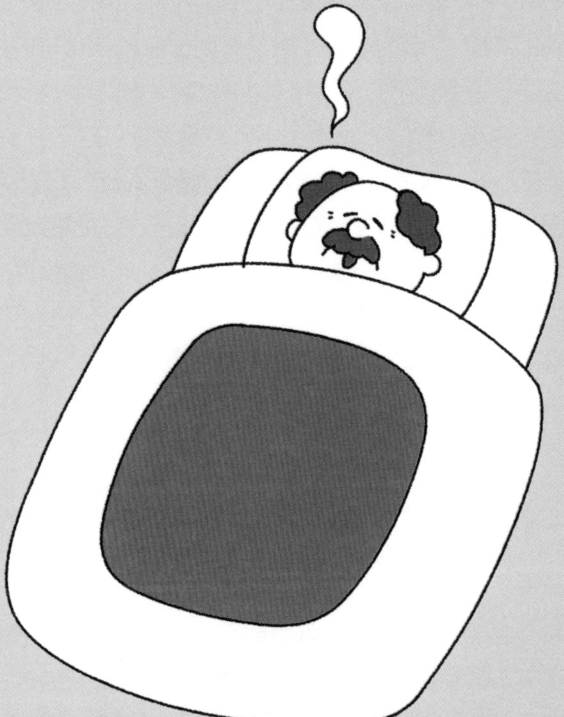

高齢者は複数の疾患を抱えていることが多いので，亡くなった原因がどの病気なのか，判断がむずかしい場合もあるんだって。

12 死期は予測できるのかもしれない

死亡する５年前の段階でBMIが減少

私たちの「死期」を正確に予測することはできないのでしょうか。

高齢者の死期について研究する，東京有明医療大学教授の川上嘉明博士は，老人ホームなどで亡くなった高齢者の過去５年間におよぶBMI（体重［kg］÷身長［m］^{2}）と食事・水分の摂取量（すべて口から摂取した量）を調査しています。**その結果，高齢者は死亡する５年前の段階で，一定量の食事をとっているにもかかわらず，BMIがゆっくりと減少していたことがわかりました。**また，BMIの減少は，亡くなる24か月前を境に加速しました。さらに，亡くなる８か月前には食事量，亡くなる２か月前には，水分摂取量も激減しています。

死期を予測できるかどうかは，わからない

現状では，データ数がまだ足りない部分があるため，このデータから死期を明確に予測できるかどうかはまだわかりません。**高齢者は，風邪を引くだけでも，食事量や体重が減少することがあります。正確に死期を予測するには，そういった体調の変化と，死期へ近づいたことで生じる体の変化を，明確に区別する必要もあるでしょう。**

死に向かう体におきる変化

亡くなった高齢者の死亡前5年間のBMIや食事量，水分摂取量の変化をあらわしたグラフです。数値は，160人の平均値です。死亡時の平均年齢は，89.1歳です。

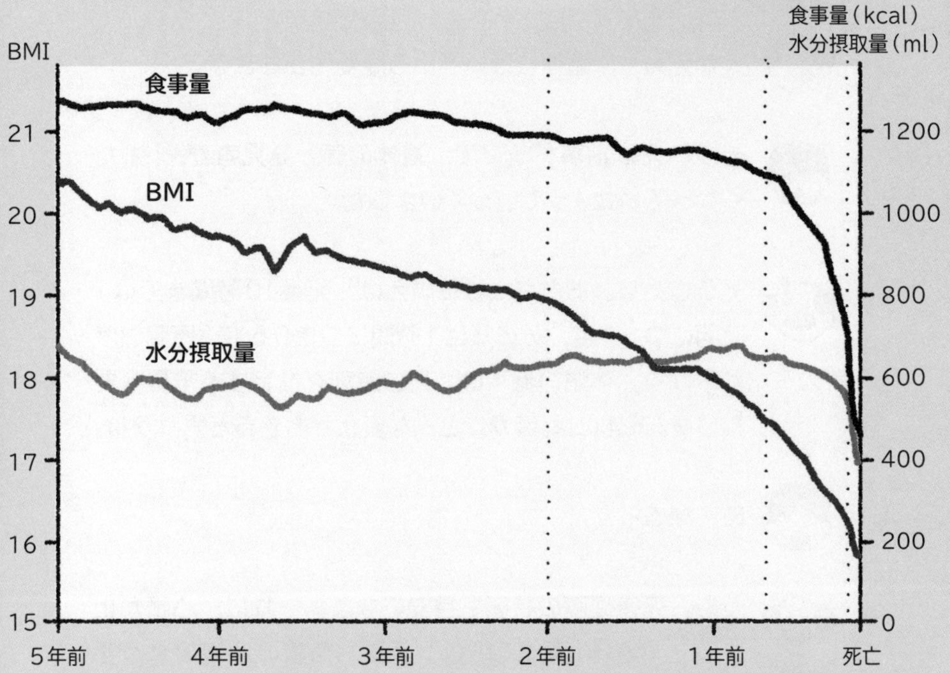

データ提供：川上嘉明博士

亡くなる5年前〜1年前くらいまで，食事量はあまりかわらないけど，BMIはゆっくりと減少しているケロ。

博士！
教えて!!

死亡推定時刻ってどう決めるの？

博士，死亡推定時刻ってどうやって決めるんですか。

人が死ぬと，遺体にはいろいろな変化がおきる。

そういえば刑事ドラマで，遺体の第一発見者が，「冷たくなっていた」っていっていました。

そうじゃな。おおざっぱにいえば，死後10時間までは1時間につき1度，その後は1時間につき0.5度，直腸温度が下がる。体温の低下は，死亡時刻を推定する重要な要素じゃ。遺体には，ほかにどんな変化がおきると思うかね。

硬くなるとか。

うむ。死後硬直の状態も目安になる。それに，心臓が止まるとできる「死斑」の色や状態，角膜の混濁のようすなども有用じゃな。そのほかにも，胃腸内の消化のようすも参考になる。法医学の現場では，このような所見を総合して判断しておるんじゃよ。

死亡推定時刻は……

13 命が尽きても，臓器は生きつづける

体の中には，生と死が混在している

皮膚の細胞や腸の細胞は日々，死んでいます。死んだ皮膚の細胞は垢として，死んだ腸の細胞は糞便として，体から捨てられます。尿にも，死んだ細胞が含まれています。それでも命は，保たれています。**細胞のスケールで考えれば，命ある人体の中に，生と死は混在しているのです。**

臓器の死と個体の死は単純に結びつけられない

命が尽きたとしても，体の細胞は，すぐにすべて死ぬわけではなく，ある程度の時間なら生きていられます。**だからこそ，脳死のときなどには，さまざまな臓器の移植が行われます（右のイラスト）。**また逆に，心臓などの重要な臓器が十分にはたらけなくなっても，人工心臓などに機能のかわりをさせることで，命は保たれます。このように，「臓器の死」と「個体の死」は，単純に結びつけることができません。

なお臓器移植は，脳死の場合のみに行われるわけではなく，心停止後の患者の臓器が移植される場合もあれば，生きている人から提供される場合もあります。

移植した臓器の生着率

移植可能な臓器について，移植から５年後に機能している割合（生着率）を示しました。心臓の生着率が91.6％であるのに対して，小腸の生着率は62.3％です。

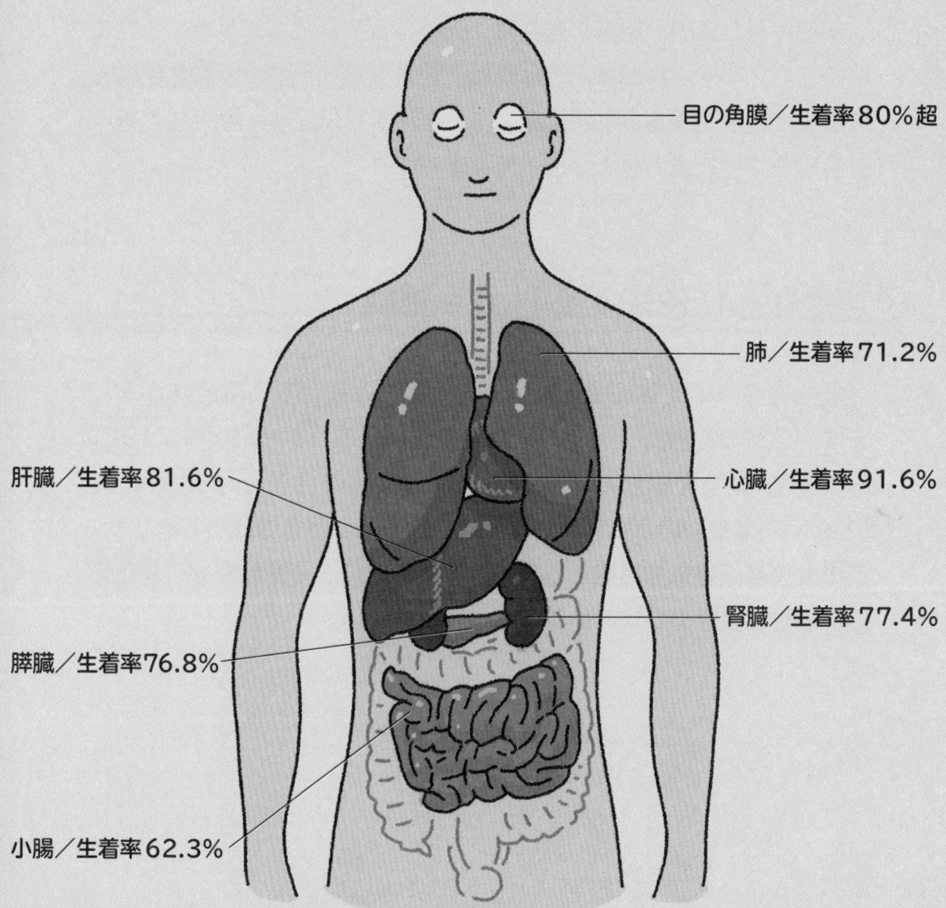

14 「不死化細胞」として生きつづける，アメリカ人女性

細胞分裂をくりかえして，永遠に生きつづける

移植された臓器や組織の細胞は，元の体が死んでも，生きつづけているといえます。**さらに極端な例は，世界中の研究室で実験に使われている，さまざまな「不死化細胞」です。**不死化とは，際限なく細胞分裂しつづける能力をもつことです。

子宮頸がんに由来するHeLa細胞

最も有名な不死化細胞に，「HeLa《ヒーラ》細胞」とよばれる細胞株があります。この細胞株は，アメリカ人女性のヘンリエッタ・ラックス（1920〜1951）の子宮頸がんに由来します。女性の名（Henrietta）と姓（Lacks）の最初の2文字ずつをとって，HeLaと名づけられました。**この女性は，特殊な細胞としてではあるものの，細胞分裂をくりかえして永遠に生きつづけているともいえます。**

分裂しつづける「HeLa細胞」

イラストは，HeLa細胞が二つに分裂するときのイメージです。際限なく細胞分裂をくりかえすことで，永遠に生きつづけているといえます。

不死化細胞は，がん細胞のしくみの解明などに役立てられているそうだよ。

15

死んだ個体と生きている個体，体の組成は同じ

生物の体に使われている元素は，ごく一部

生と死のちがいについて，化学や物理学の側面から考えてみましょう。

現在，自然界には，90種類の元素があることが確認されています。そのうち生物の体に使われている元素は，ごく一部です。**たとえば人体は，体重の約98％が，酸素，炭素，水素，窒素，カルシウム，リンの6種類の元素でつくられています。**地球上の生物であれば，体を構成する元素の比率はみな似通っています。

元素に分解しても，生死のちがいは見いだせない

それでは，ある生物が生きているときと死んだあとでは，体を構成する元素の組成にちがいはあるでしょうか？　生物が死ぬとタンパク質が分解されるなどして，元素の組み合わせ方はかわります。しかし，元素の種類や量はかわりません。また，生きているときと死んだあとで重さをはかって比較してみても，ちがいはありません。

つまり，生物を元素にまで細かく分解していっても，そこに生と死のちがいを見いだすことはできないのです。**生物を生きている状態にしているのは，どんな元素をどれだけ使うかではなく，むしろ元素の組み合わせ方や使い方なのです。**

鳥の体重は死後でかわらない

同じ体重の鳥が，2羽います。一方は，死んだ直後です。2羽の体重をくらべると，何もかわりはありませんでした。死んだからといって，生物の体を構成する物質の量が，増減することはないのです。

16 死んだ生き物の体は，時間がたつと崩れていく

死んだ生物は，体の構造をとどめておけない

死んだ直後の生物は，見た目には生きていたときとほとんどかわりません。しかし時間がたつにつれ，生きている生物と死んだ生物の状態は大きくちがっていきます。

死んだ生物は，もはや外から栄養をとることができません。外から栄養が入ってこないと，体を動かすエネルギーを合成することも，自分の体を新たにつくることもできません。**結果として，死んだ生物は，その体の構造をとどめておくことができず，時間がたつにつれて，それまで維持されていた体の構造がくずれていきます。**

生物はエネルギーを使って，体の構造を維持している

私たちの世界では，形あるものは時間の経過とともにくずれていく傾向があります。これを物理学では，「エントロピー増大の法則」といいます。死んだ生物は，物理法則にしたがって，時間の経過とともに，秩序だった体の構造がくずれていくのです。

一方で生きている個体は，外から栄養を取り入れて，さらにエネルギーを使い，秩序だった構造をつくりあげます。こうして，時間がたっても体の構造を維持し，活動しつづけることができるのです。

生死のちがい

死んだ生物は砂の城と同じく，時間の経過とともに，徐々にその構造がくずれていきます。一方で生きている生物は，時間がたっても，その構造を維持します。

1. 砂の城

時間経過（右側に進む）とともに，構造がくずれていく（エントロピーがふえる）

2. 死んだ生物

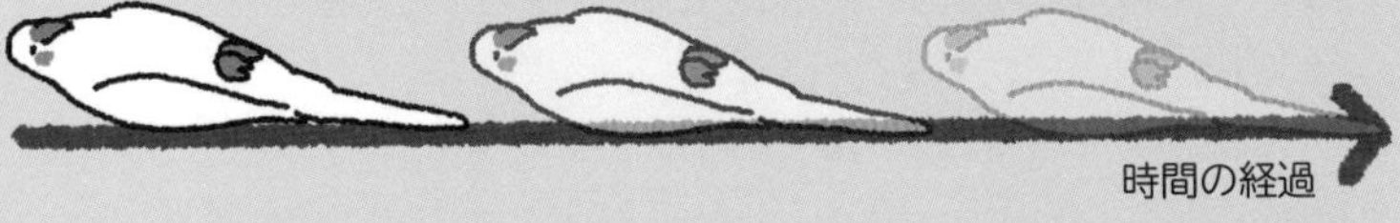

時間経過（右側に進む）とともに，構造がくずれていく（エントロピーがふえる）

3. 生きている生物

時間が経過しても，構造がくずれることはない（エントロピーがふえない）

世界の変わった葬儀

現代の日本では，人が亡くなると火葬にするのが一般的です。しかし，世界を見渡すとさまざまな葬儀があります。**たとえばチベットでは，解体した遺体を台に置き，ハゲタカについばませる「鳥葬」が行われています。**これは，鳥によって，遺体を天に送るという意味がこめられています。

一方，インドのヒンドゥー教徒は，遺体を「火葬」にしたのち，遺灰をガンジス川に流します。火葬の火は，故人の魂を死者の国に引き渡す神と考えられています。インドネシアのバリ島など，一部の地域では，遺体を洞窟などに安置して風雨にさらす，「風葬」が行われています。

そして最新の葬儀には，「宇宙葬」があります。遺灰を収めたカプセルをロケットで宇宙に打ち上げるもので，1997年に初めて行われたといわれています。カプセルを人工衛星に搭載するものや，カプセルを月面まで運ぶものなどがあります。どのような葬儀も，故人の魂を尊重する思いが，形になったものといえるでしょう。

不死化細胞HeLa

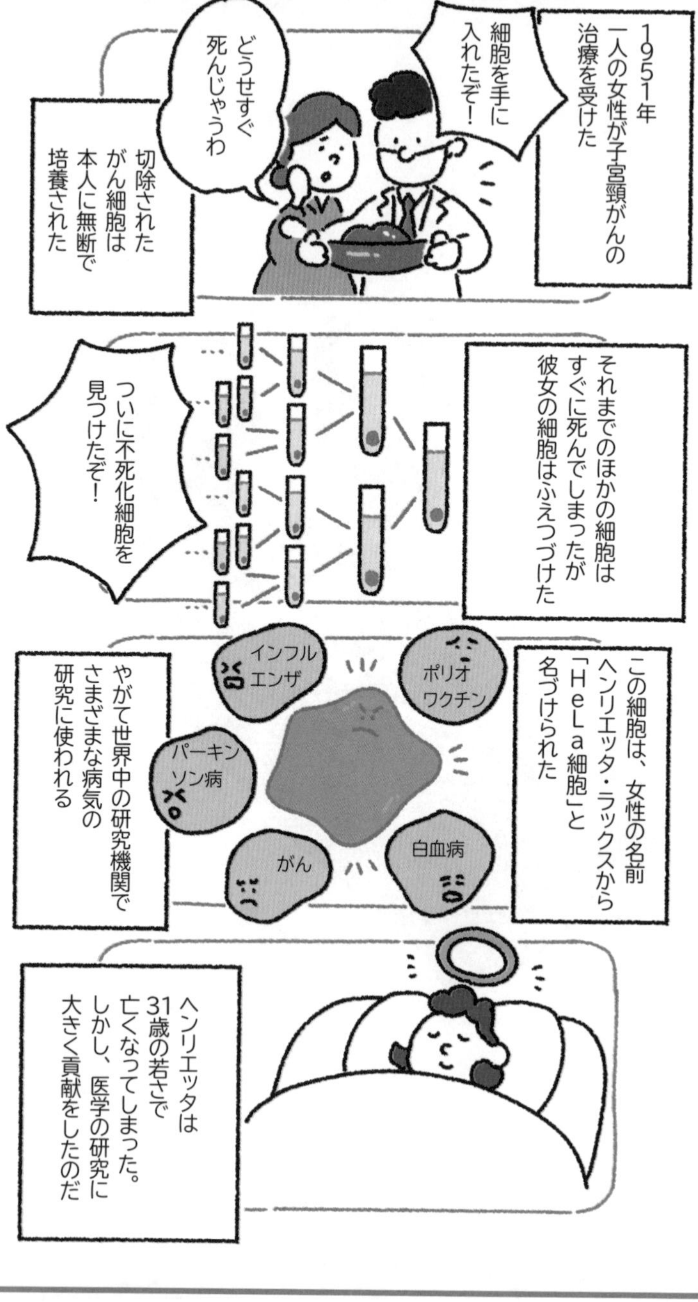
1951年一人の女性が子宮頸がんの治療を受けた
細胞を手に入れたぞ!
どうせすぐ死んじゃうわ
切除されたがん細胞は本人に無断で培養された
それまでのほかの細胞はすぐに死んでしまったが彼女の細胞はふえつづけた
ついに不死化細胞を見つけたぞ!
この細胞は、女性の名前ヘンリエッタ・ラックスから「HeLa細胞」と名づけられた
ポリオワクチン
インフルエンザ
パーキンソン病
がん
白血病
やがて世界中の研究機関でさまざまな病気の研究に使われる
ヘンリエッタは31歳の若さで亡くなってしまった。しかし、医学の研究に大きく貢献をしたのだ

不信を乗りこえて

ヘンリエッタには5人の子供がいた
しかし子供たちは長い間ＨｅＬａ細胞について知らされていなかった
ＨｅＬａ細胞の研究のため訳も分からず採血されることもあった
その後母の細胞が生きていることを知った子どもたちは医学界への不信を募らせた
詐欺師にだまされそうになるなど散々な目にあい精神のバランスを崩す子もいた
私なら裁判で大金を取りますよ
ホント？
しかし、徐々に社会がヘンリエッタとその子どもたちを尊重するようになった
おばあちゃんは誇りだよ！
現在では孫たちが遺伝データのあつかいについてルールを確立すべく活動している

2. 死へとつながる老化

死の前に，私たちの体にあらわれるのが「老化」現象です。第2章では，脳の老化のほか，視力や筋肉，骨，皮膚，髪が老化するしくみについてみていきましょう。

1 脳の老化は，20代からはじまる

老化が，さまざまな病気の引き金になる

年齢を重ねるにしたがって，私たちの体にはさまざまな老化現象があらわれます。老化とは，脳や骨，筋肉，内蔵などの機能が，徐々におとろえていくことです。**老化が，さらにさまざまな病気の引き金になり，やがて死（寿命）へとつながります。**まずは脳の老化についてみてみましょう。

脳の判断能力は，30歳前後がピーク

多くの人が日常生活で脳の老化を実感するのは，40代や50代になってからでしょう。しかし脳の神経細胞の減少は，20代からはじまっているといいます。**個人差はありますが，毎年0.5%程度の神経細胞が失われているのです。**また，脳の判断能力は30歳前後をピークに徐々に衰えていきます。神経細胞は，生まれる前後で急増し，成人になる頃には約千数百億個ほどまでに達します。以降はほぼ増殖せず，死ぬまで同じ神経細胞が使いつづけられます。

脳内の神経細胞が減少する

脳内では，神経細胞が複雑なネットワークをつくっています。老化によって，ネットワークを構成している神経細胞の数が減っていくと考えられています。

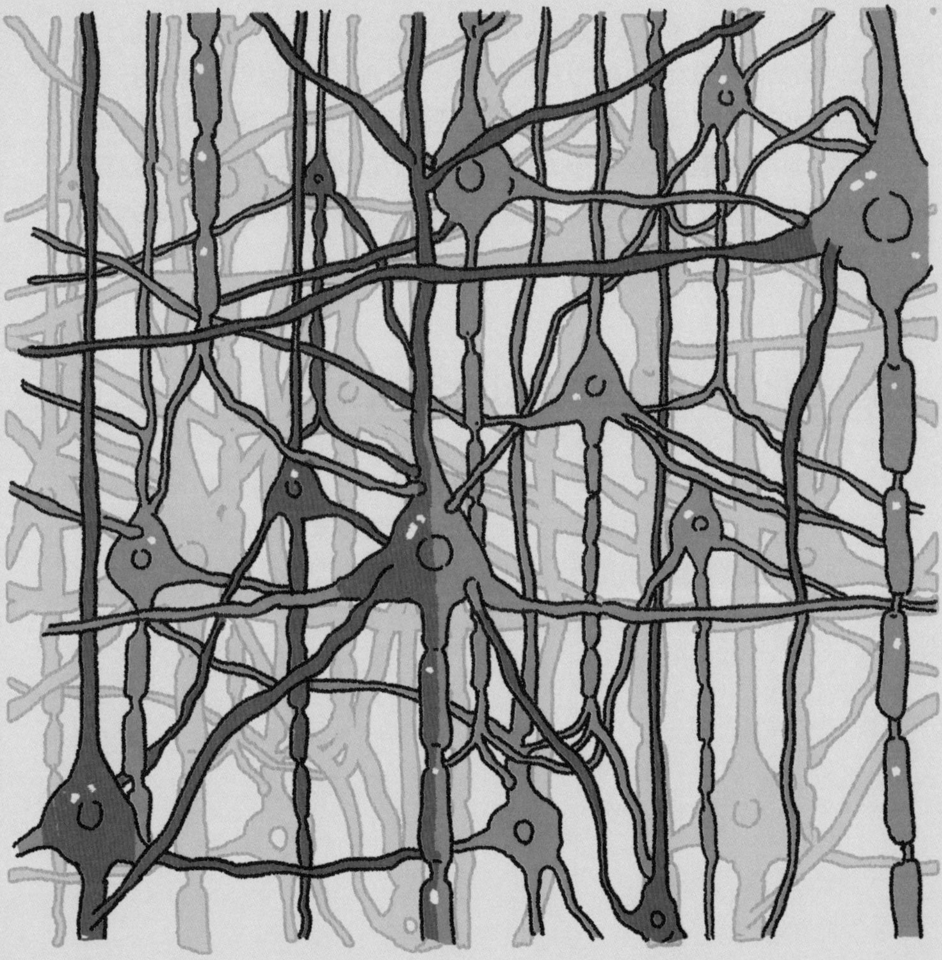

2 加齢によって，神経細胞が崩壊する

物忘れは，神経細胞の機能低下の証拠

人が老化を実感するときといえば，新しいことを覚えづらくなったり，頻繁に物忘れをしたりしたときでしょう。そのような現象は，神経細胞の機能が低下してきた顕著な証拠といえます。**脳は，加齢にともない神経細胞のつながりが弱くなったり，信号を受けとる「スパイン」という部分が小さくなったり，信号を伝達するしくみそのものに異常がみられるようになったりするのです。**

脳の老化で，記憶が定着しづらくなる

新しい物事を記憶して，それを維持するには，その記憶に関連する神経細胞のつながりを新たにつくる必要があります。**老化によって神経細胞の機能が低下すると，新しい神経細胞のつながりが形成されにくくなり，新しい記憶も定着しづらくなります。**

崩壊する神経細胞

加齢にともない神経細胞どうしのつながりが切れたり，信号を受け取る「スパイン」が小さくなったりします。さらに，信号を伝える「軸索」や，それを包む「ミエリン鞘」とよばれる構造が変形して，信号をうまく伝えられなくなります。

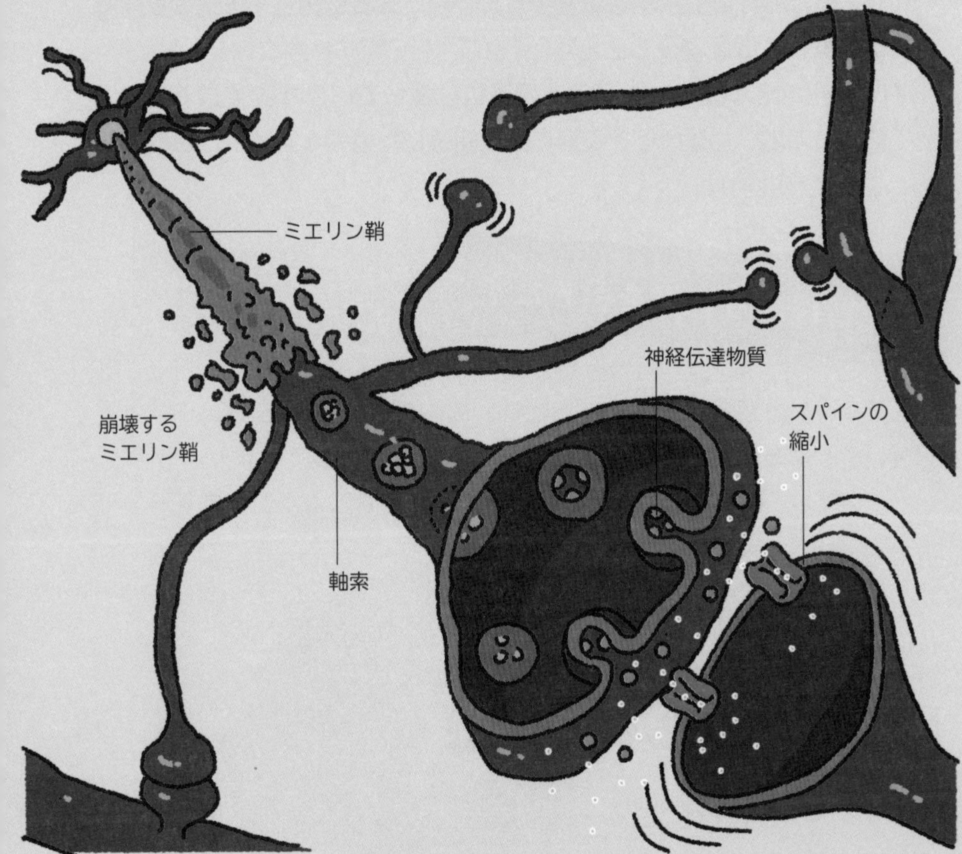

3 記憶の関連づけで，脳の老化に打ち勝つ

関連した情報をたどって，目的の記憶を引きだす

老化による物忘れを減らすために，何か良い方法はないのでしょうか。**私たちがある事柄を記憶をするとき，それに関連する情報を同時に記憶しています。**たとえば「リンゴ」を記憶する際には，「赤色」や「果物」などの関連した情報を同時に記憶しています。そしてリンゴについて思いだそうとする際には，関連した情報をたどり，目的の記

関連情報から記憶を引きだす

私たちが何かを記憶するとき，脳内の神経細胞どうしのやりとりを通じて，関連した情報も同時に記憶しています。そのため，関連情報から目的の記憶を引きだすことができます。

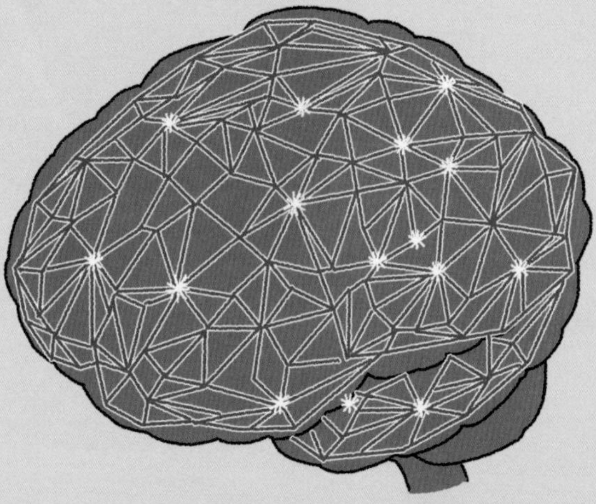

憶を引っぱりだしています。このような記憶の関連性も，神経細胞どうしで信号がやりとりされた結果生じています。

別の経路から記憶を引き出す

老化によって，神経細胞どうしのつながりが弱くなると，覚えていたはずのことを思いだしづらくなります。**そこで，記憶力を保つためには，一つの物事について色々な情報（五感など）を関連づけておくことが効果的です。**目的の記憶をひっぱりだすきっかけになる神経細胞の回路が複数あれば，神経細胞のつながりが弱まって，ある経路で記憶を引っぱりだせなくなっても，別の経路から思いだすことができるのです。

記憶の関連性

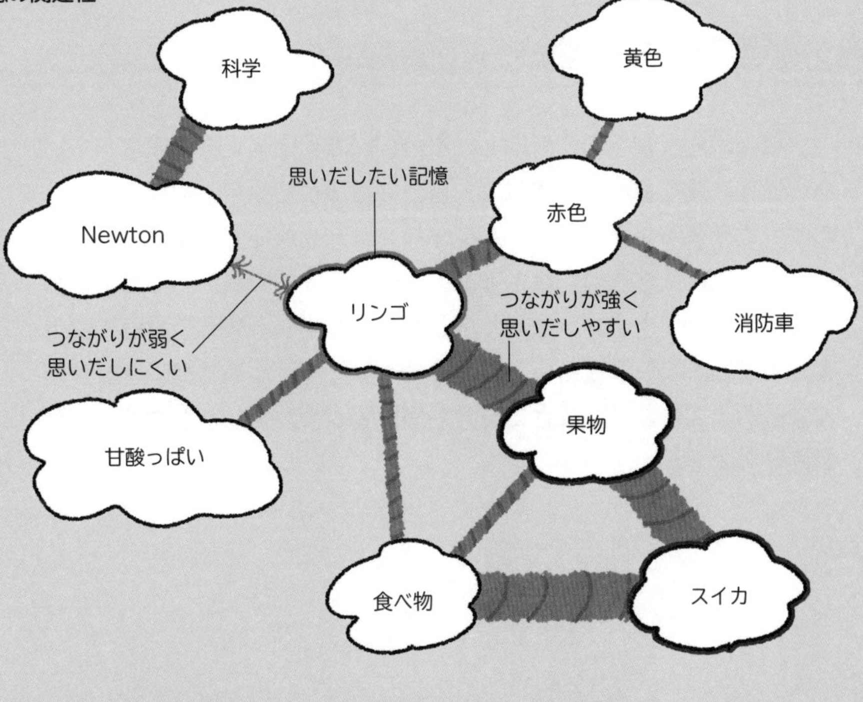

4 脳が老化すると，体の動きがにぶくなる

脳の老化に伴い，運動記憶が失われる

脳の老化は，人の名前や場所の記憶だけに影響するものではありません。久しぶりに運動したときに，「昔はもっと動けたのに」という人は多いでしょう。**単に筋力や体力が低下していることはもちろんのこと，脳の老化にともない，体を動かす信号の伝達速度や強度，筋肉と神経の接続機能などが低下し，さらに運動記憶までも失われます。**その結果，若いころと同じように脳から信号が発信されていたとしても，以前と同じようには動けなくなるのです。

自分が思いえがく動きができなくなる

プロスポーツ選手の全盛期も，20代～30代前半である場合が多いものです。歳を重ねるにつれて，自分の意識した動きと実際の動きとのずれをうまく修正できず，パフォーマンスを維持できなくなるのかもしれません。さらに加齢が進むと，一般の人でも実生活で筋肉の動きに影響がでてきます。**思ったほど腕や足が上がらず低い段差に引っかかって転んでしまったり，素早く動けなくなったり，反応速度が遅くなったりするのは，まさに自分が思いえがく動きができなくなった証拠なのです。**

低い段差につまずく

スポーツ選手だけでなく，一般の人でも，脳の老化によってイメージ通りに動けなくなることがあります。低い段差につまずくのは，典型的な例といえます。

博士！
教えて!!

加齢臭ってなぜ出るの？

父親が最近，加齢臭を気にしているんです。加齢臭の原因は，何なんですか。

主な原因は，「ノネナール」という物質じゃ。皮脂の中の成分が酸化されたり，常在菌によって分解されたりすることで発生するんじゃ。

どうして中高年になると，加齢臭が出るんですか。

年齢を重ねると，皮脂の種類が変化して，ノネナールがふえてくるんじゃ。加齢臭というとオヤジというイメージかもしれんが，女性にもある。ただ，女性は男性にくらべて皮脂が少ないから，男性の方が目立つんじゃろうな。

そうですか……。何か対策はあるんですか。

加齢臭は，頭部や耳のまわり，首の後ろ，胸，わき，背中などから発生しやすいんじゃ。このあたりを清潔に保つことじゃな。ただ，体臭はだれにでもあるんじゃから，意識しすぎないことも大事なんじゃよ。

5 60歳以上の6割以上は，白内障

水晶体に，にごりが生じるのが白内障

年をとるにつれて衰えるものといえば，視力もあります。いったい，なぜなのでしょうか。重要になるのが，眼を構成する「水晶体」というレンズです。水晶体は，眼に届く光を屈折させ，ピントを調節しています。水晶体は，幼児期に最も弾力があり，年齢を重ねるにつれてかたくなります。かたいと厚くなりにくいため，近くにピントが合い

ピントを調節する水晶体

水晶体が薄くなると遠くにピントが合い，水晶体が厚くなると近くにピントが合います。加齢によって水晶体が厚くなりづらくなると老眼になり，水晶体が濁ると白内障になります。

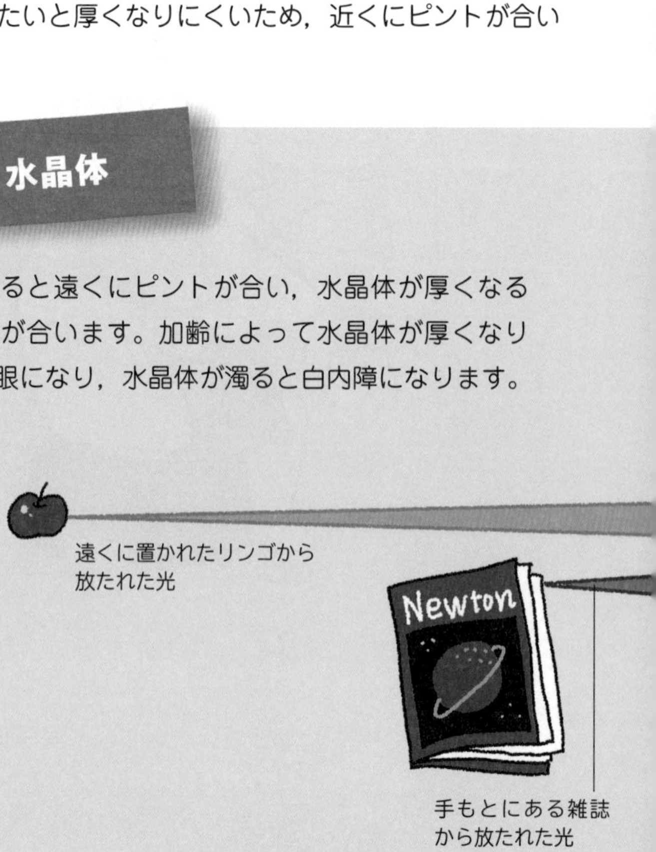

にくくなります。これがいわゆる老眼です。**また，おおむね40代から，水晶体に徐々に白いにごりが生じます。**これが，視野がぼやけたり，かすんだりしてしまう「白内障」です。

タンパク質の分子が，本来の構造を失う

水晶体がかたくなったり，にごったりするわけは，水晶体を構成するタンパク質の分子が，本来の構造を失ってしまうためです。卵の白身に火を通すと，やわらかく透明だったものがかたく白くなることに似ています。構造を失わせる原因は，太陽光に含まれている紫外線など，さまざまだといいます。60歳以上の人のうちの6割以上が，程度の差はあれ白内障にかかっているといわれています。

眼球の水平断面図

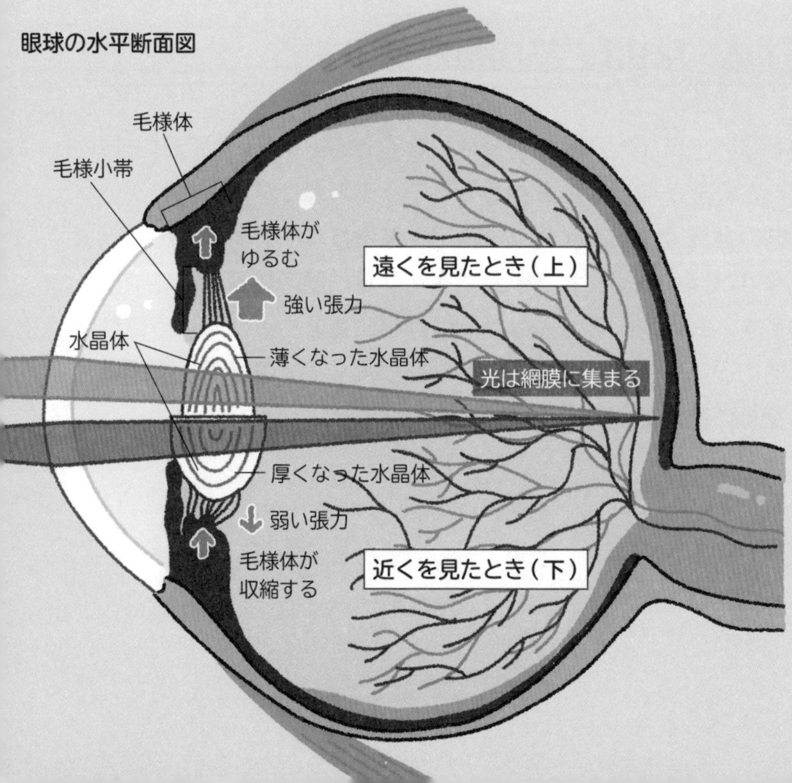

6 筋肉は，「速筋」から衰えていく

筋肉は，速筋線維と遅筋線維でできている

老化といって，真っ先に思い浮かべるのは，筋力の低下かもしれません。筋肉は，複数の細胞が融合し，繊維状になった「筋線維」でできています。この筋線維がゴムのように伸び縮みすることで，力を発揮します。**筋線維は，瞬発的な力を発揮する「速筋線維」と，持続的な力を発揮する「遅筋線維」に大きく分けられます。**老化でとくに問題になるのは，速筋線維です。

筋肉を使わなければ，筋肉量が低下する

筋肉の老化は，30代～40代からはじまるといいます。筋肉は，日常的に合成と分解がくりかえされることで，その量と質が保たれています。筋肉の合成は，筋肉を使うことで促進されます。そのため，筋肉を使わなければ，分解される割合が多くなり，筋肉量が低下しやすくなるのです。人は加齢にともない，はげしい運動をさけるようになり，日常的に遅筋を使う割合の方が多くなります。**その結果，筋肉は速筋から徐々に衰えていくのです。**

加齢で衰える筋肉

若者の筋肉は，筋線維の密度が高く，筋線維自体も太いです。一方，高齢者は，筋肉の合成が少なくなり，筋線維が細くなります。筋線維と神経のつながりも，劣化します。

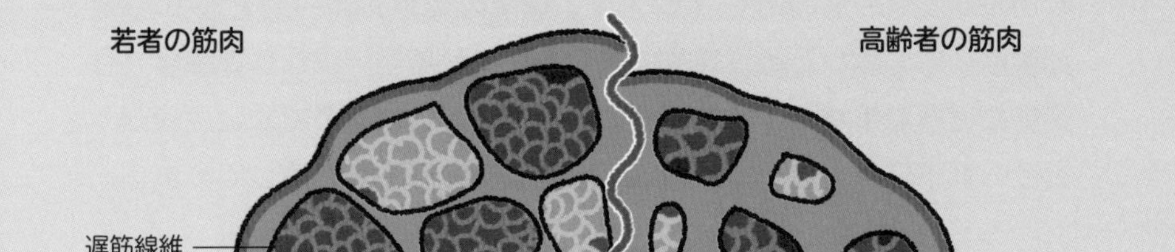

骨折して松葉杖で生活をしていると筋力が低下するように，筋肉は使わないとどんどん衰えていくわ。

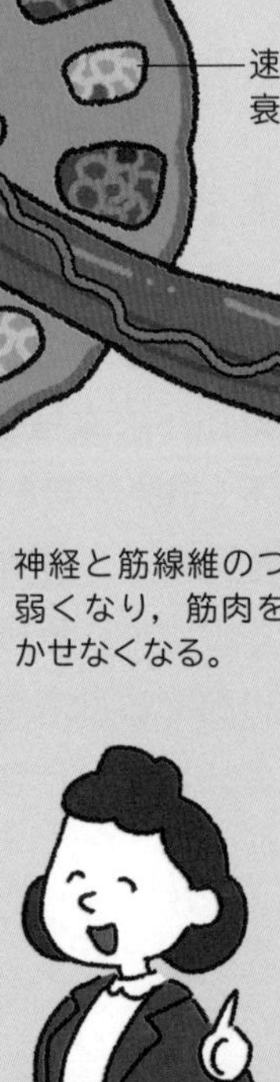

7 筋肉が衰えると，生命維持機能が低下する

遅筋の割合が高くなると食欲が低下する

加齢にともなって速筋が減少し，遅筋の割合が高くなることは，食欲の低下にも一部関係しています。**遅筋はエネルギー源となるATPの生産効率が高いため，遅筋の割合が高くなると，少ない食事量でも活動に必要なエネルギーを十分に確保できてしまうのです。**もちろん，食欲の低下には，老化にともなう内臓機能の低下も影響しています。

筋肉は体を動かすだけではない

老化によって筋力が衰え，生活に支障がでるようになると，「サルコペニア」という病気として認定されます。サルコペニアの判定基準は，日本の場合，筋肉量の低下にともない，握力が男性で26キログラム以下，女性で18キログラム以下，歩行速度が秒速0.8メートル以下（横断歩道を青信号の間に渡りきれない程度）になった状態です。

筋肉には，体を動かす役割だけではなく，発熱によって体温を維持する役割や，飢餓状態におちいった際に分解されて細胞にエネルギーを供給する役割もあります。サルコペニアになると，こういった生命の維持に欠かせない機能の低下にもつながるのです。

サルコペニア

筋力が低下するサルコペニアになると，横断歩道を青信号のうちに渡りきることもむずかしくなります。

8 ホルモンの減少で，骨がスカスカになる

骨粗鬆症の患者の多くは女性

高齢者にとって，骨の老化も問題です。骨密度は，神経細胞と同じく，20代～30代をピークに減少の一途をたどります。骨密度が低下した骨は，骨量の低下にともない，すかすかになっていきます。**こうして骨が弱くなり，骨折しやすくなる状態を，「骨粗鬆症」といいます。**

女性は男性にくらべてもともと骨密度が低いうえ，50歳ごろの閉

男女別のホルモン量の推移

思春期のころにホルモン量がふえるのは，男女ともに同じです。その後50歳をすぎると，男性はゆるやかに減少するのに対して，女性は急激に減少します。

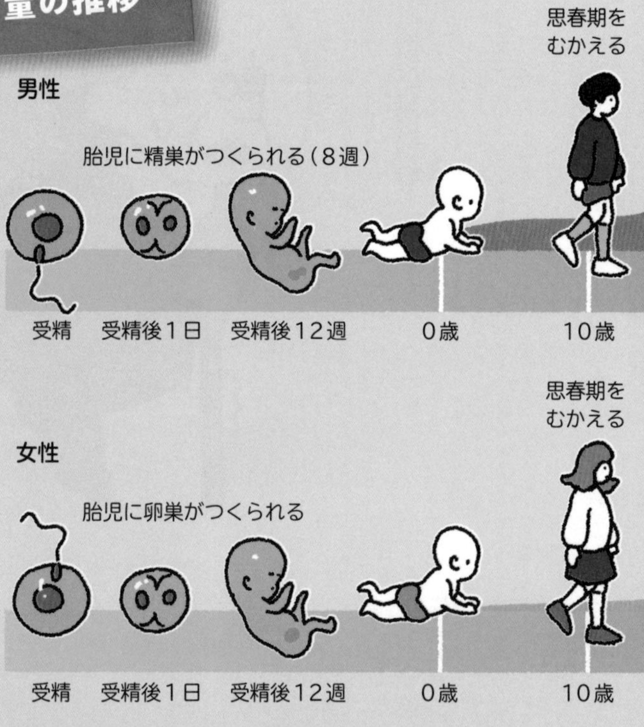

経にともない，骨密度の減少が加速することが知られています。そのため，骨粗鬆症の患者の多くは女性です。

骨の形成と分解のバランスが大きくくずれる

女性の骨密度の低下には，女性ホルモンの「エストロゲン」が大きくかかわっています。女性は40代～50代にエストロゲンが急激に減少して，骨の分解が活性化されてしまい，骨の形成と分解のバランスが大きくくずれてしまうのです。

男性は急激に骨量が減少することがなく，もともと骨量が多いため，女性にくらべて骨粗鬆症になりにくいです。男性が骨粗鬆症になる原因は，いまだにはっきりしていないことが多くあります。

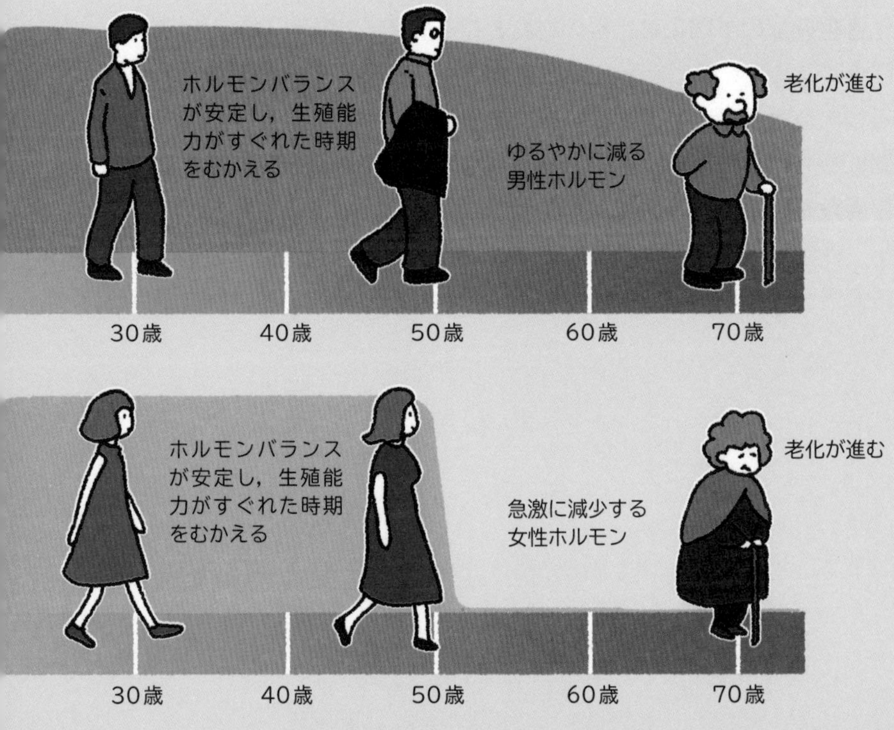

9 骨の材料を若いころから摂取して，骨粗鬆症を予防

せきやくしゃみで骨折してしまうことも

骨粗鬆症になると，せきやくしゃみ，さらには少し足をぶつけただけでも骨折してしまうことがあります。**加齢が進むと，脳や筋肉の老化によって運動能力が低下し，転倒などで意図せず怪我をしてしまうリスクも高くなります。**

「貯骨」が骨粗鬆症の最大の予防法

骨粗鬆症の予防には，骨の材料となるカルシウムやリン，ビタミンDやビタミンKなどを十分摂取することが重要です。骨量が一度減ってしまうと，もとの密度にもどすのにはかなり時間がかかります。**加齢にともなう骨量の低下がさけられないのであれば，若いころにある程度骨を蓄積しておけば，骨粗鬆症の予防につながります。**「貯骨」こそ，骨粗鬆症の最大の予防方法なのです。とくに女性は，若いうちから骨量が極端に低くならないように，十分に注意しておいた方が良いでしょう。

骨を丈夫にするビタミンD・K

カルシウムだけでなく，ビタミンDとKも骨を丈夫にするために大切です。ビタミンDはカルシウムの吸収をうながし，ビタミンKは吸収されたカルシウムの骨への取りこみをうながします。

●ビタミンDを多く含む食品

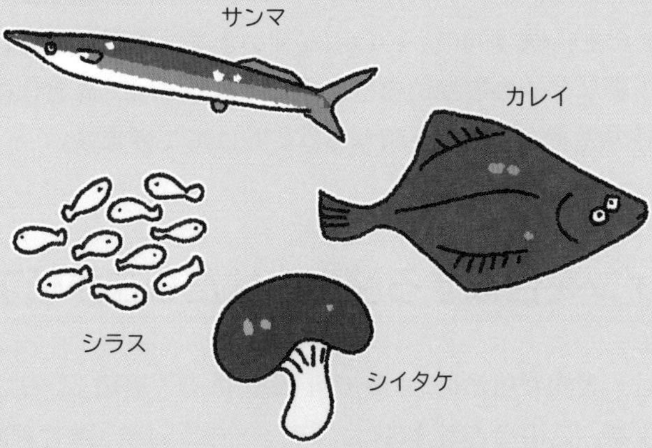

●ビタミンKを多く含む食品

10 コラーゲンが減少して，皮膚にしわができる

加齢や紫外線による老化でしわができる

皮膚の老化のあらわれが，しわです。皮膚のしわのうち，「加齢による老化」と「太陽からの紫外線などによる老化（光老化）」が原因でできるものを，医学的にしわとよんでいます。**加齢によるしわは，背中や腹，腰などやわらかい部位に多くできやすく，光老化によるしわは，太陽の光をよく浴びる顔から首にかけてできます。**

コラーゲンを合成する酵素のはたらきが低下する

皮膚は，表面から順に，「表皮」「真皮」「皮下組織」の三つの組織からなります。このうち真皮には，「コラーゲン」や「弾性線維」というタンパク質や，「ヒアルロン酸」という糖類が存在します。コラーゲンや弾性線維は，組織を支えるゴムのような役目をし，ヒアルロン酸には，水分をたくわえるはたらきがあります。これらの三つの成分は，真皮にある「線維芽細胞」がつくりだしています。

しわは，真皮にあるコラーゲンや弾性線維，ヒアルロン酸の量が減って，皮膚の弾力が失われることでできます。加齢によるしわは，コラーゲンなどを合成する酵素のはたらきが低下することが原因だと考えられています。

しわができる原因

皮膚の真皮にあるコラーゲンや弾性繊維，ヒアルロン酸の量は，加齢や光老化によって減少します。すると，皮膚の弾力性が失われてしわができます。

しわのない皮膚

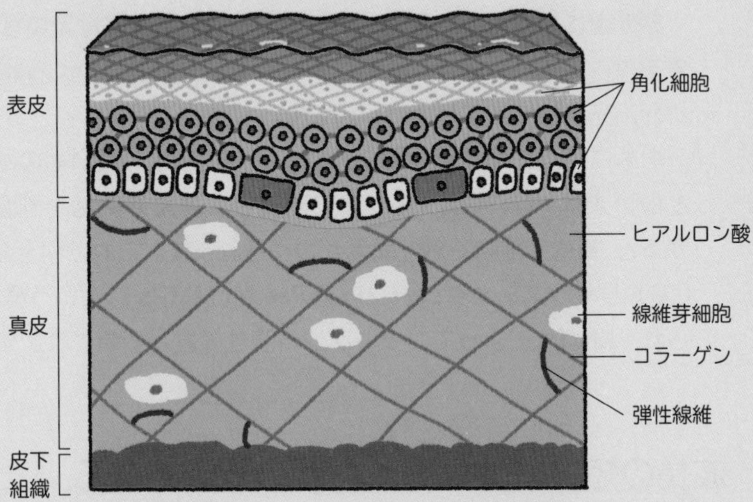

しわのある皮膚

コラーゲンと弾性線維が，切断されたり減少したりした状態。ヒアルロン酸の量も減っています。

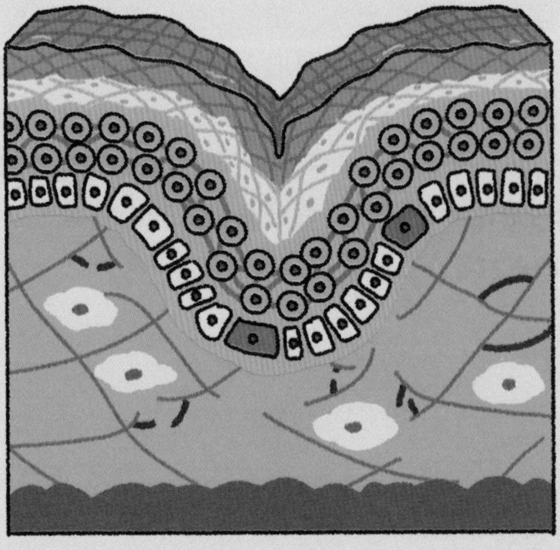

11 紫外線は，コラーゲン切断酵素を活性化する

酵素によって，真皮にある線維成分が切断される

紫外線に当たると，真皮にあるコラーゲンや弾性線維の合成が低下するのに加えて，線維成分を切断する酵素が多量につくられます。これが，光老化によるしわの原因です。

おもに地上に届く紫外線（UV）のうち，波長の長いものを「UVA」といいます。UVAは，真皮まで到達して線維芽細胞を刺激します。すると，線維芽細胞で活性酸素がつくられます。これが引き金となり，「マトリックス・メタロ・プロテアーゼ（MMPs）」という酵素がつくられ，MMPsによってコラーゲンや弾性線維が切断されます。

波長の短い紫外線も，しわの原因となる

地上に届く紫外線のうち，波長の短いものを「UVB」といいます。UVBは，ほとんどが表皮で吸収されます。UVBが表皮の角化細胞に当たると，角化細胞で活性酸素がつくられ，サイトカインとよばれる物質が分泌されます。**サイトカインは真皮の線維芽細胞にはたらきかけ，MMPsをたくさんつくらせます。**その結果，コラーゲンや弾性線維が切断されて，しわができます。

紫外線としわの関係

紫外線が皮膚の角化細胞や線維芽細胞にあたると，線維芽細胞で「MMPs」という酵素がたくさんつくられます。すると，MMPsがコラーゲンや弾性線維を切断し，しわが形成されます。

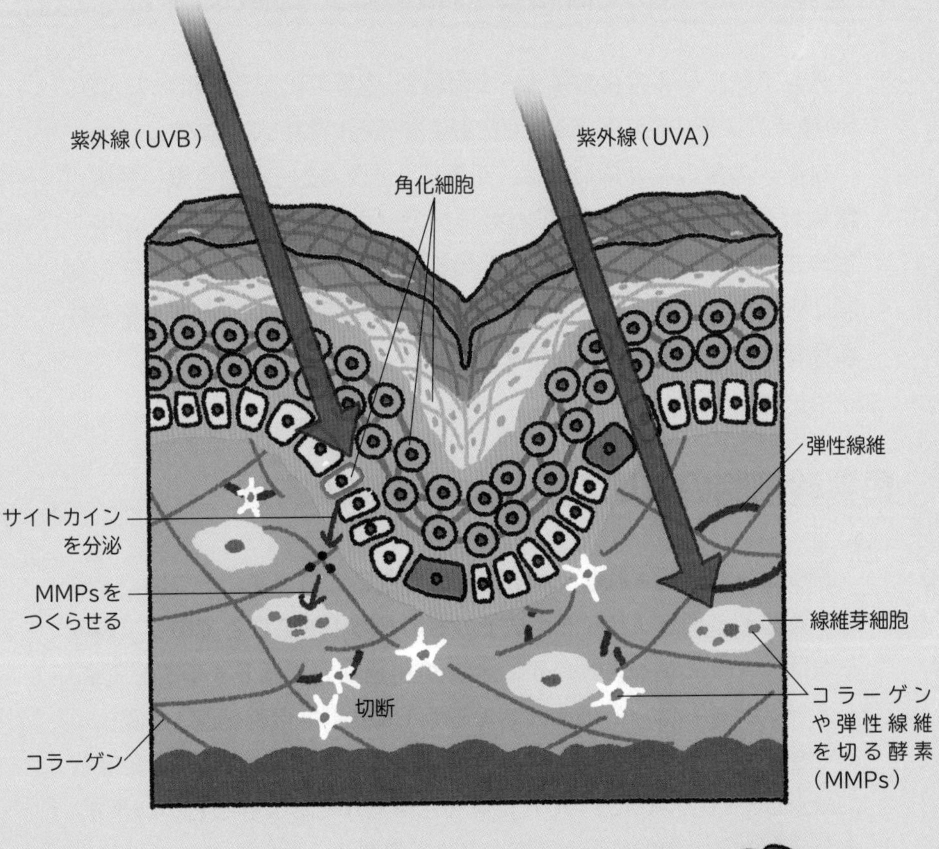

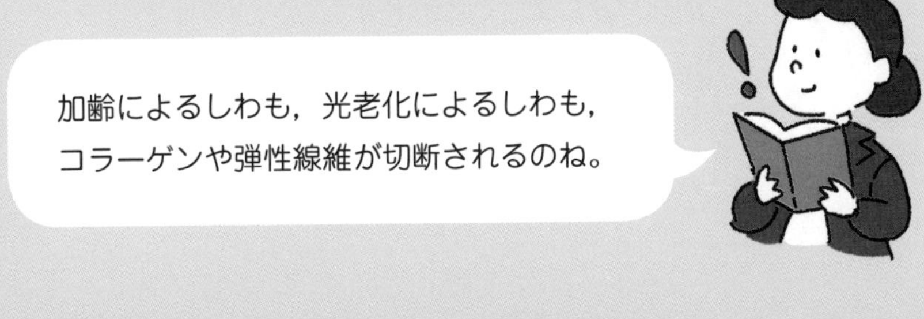

12 50歳の半数以上は，白髪がたくさん

メラニンがうまく供給されないと，白髪になる

外見で気になる老化のもう一つの例が，白髪でしょう。半数の人が，50歳までに髪の毛の約50％が白髪になるといわれています。

日本人の髪の毛が黒いのは，毛髪に「メラニン」という黒い色素が含まれるからです。メラニンは，「メラノサイト」という細胞の中で合成され，頭皮に埋まった，「毛母細胞」という毛髪のもとになる細胞に供給されます。**ところが，メラニンを供給するしくみがうまくはたらかないと，白髪になります。**

色素幹細胞の数は年齢とともに減少する

メラニンが供給されなくなる理由は，主に二つです。一つは，メラニンをつくるメラノサイトの数そのものが減少することであり，もう一つは，メラノサイトのメラニン合成・供給能力が低下することです。

メラノサイトは，その前段階の細胞である「色素幹細胞」が変化してできます。色素幹細胞の数は，40代～60代では20代の半分ほどに減少しており，70代～90代になるとほとんどなくなるといいます。また，たとえ色素幹細胞が存在しても，年齢とともに，正しく機能しないメラノサイトの割合がふえてくるのです。

年齢とともにふえる白髪

およそ半数の人が，50歳までに髪の毛の半分が白髪になるといわれています。メラニンという黒い色素が，うまく供給されなくなることが原因です。

不老不死の生き物，ベニクラゲ

不老不死とされる，不思議なクラゲがいます。「ベニクラゲ」です。通常のクラゲは，雄と雌が生殖行動を行って，両者の遺伝子を受けつぐ子孫を残します。卵から生まれた子供はポリプという状態を経て，成熟した個体となります。一方親は，寿命をむかえて死にます。**ところがベニクラゲは，老いて死ぬことなく，自分自身が子供の状態へと若返ることができるのです。**

ベニクラゲも，通常はほかのクラゲと同じようにふえます。しかし寿命が近づくと，成熟したクラゲの状態から，未成熟なポリプの状態に若返ります。ポリプになると，イソギンチャクのような姿になり，岩などにくっつきます。そして時間がたつと，このポリプが元のクラゲの姿になるのです。

ベニクラゲだけがなぜ若返ることができるのかは，まだわかっていません。このメカニズムが解明されると，人間のアンチエイジングなどに役立つと期待されています。

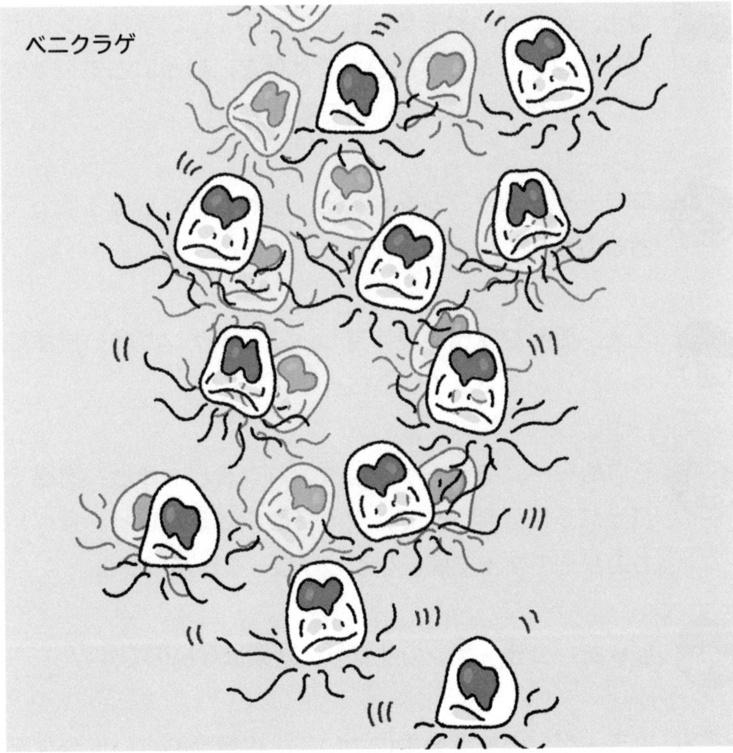
ベニクラゲ

博士！
教えて!!

コラーゲンでしわはなくなる？

博士，母親がしわを気にしているので，コラーゲンのサプリをプレゼントしたいんですけど，いろいろありすぎて。どうやって選べばいいですか？

コラーゲンのサプリを飲むと，しわがなくなると思っておるのか？

ええ，そんな宣伝を見ますし，コラーゲンが多い皮膚には，ハリがあるっていうじゃないですか。

ううむ……。コラーゲンはタンパク質じゃから，胃腸でバラバラに分解されて，アミノ酸になるんじゃ。食べたものがそのまま皮膚になるわけじゃないんじゃよ。

じゃあ，コラーゲンのサプリに効果はないのですか？

コラーゲンの美容効果について，信頼性の高い十分な証拠はないんじゃ。一つの成分をかたよって摂取するのも感心しない。それより，心配をかけてお母さんのしわをふやさんようにすることじゃな，うぉっほっほ。

3. 細胞の死が，人の死をみちびく

ヒトの体は，およそ37兆個の細胞で構成されています。細胞の死が，私たち自身の死や老化と密接に関係しています。第3章では，細胞の死について考えていきましょう。

1 毎日4000億個の細胞が，死んでいる

私たちは，37兆個の細胞でできている

私たちの体は，およそ37兆個の細胞でできています。たった一つの受精卵が細胞分裂をくりかえして成長し，成人になるころに細胞の数が約37兆個に達します。そして成人したあとも，私たちはずっと同じ37兆個の細胞を使いつづけるわけではありません。**細胞は日々，誕生と死をくりかえしているのです。**

1日に死んでいく細胞の重さは約200グラム

生物が死ぬ理由は，ほかの生物に食べられたり，病気になったりとさまざまです。それに対して細胞の死に方は，「事故死（壊死）」と「自死」の大きく二つに分けられます。外傷や栄養不足による細胞の死は事故死です。**一方，私たちの体では，1日に3000億～4000億個という細胞がみずから死んでいっています。**これは，重さにして約200グラムに相当します。ただし，かわりに新しい細胞が生まれているため，体重が減るわけではありません。

受精卵から37兆個の細胞へ

一つの受精卵が分裂をくりかえし，およそ37兆個の細胞（約270種類）からなる成人へと成長します。成人の体内には，細胞分裂が活発な皮膚や小腸の細胞，大部分が分裂しない脳の神経細胞や心臓の心筋細胞など，ようすがことなる細胞があります。

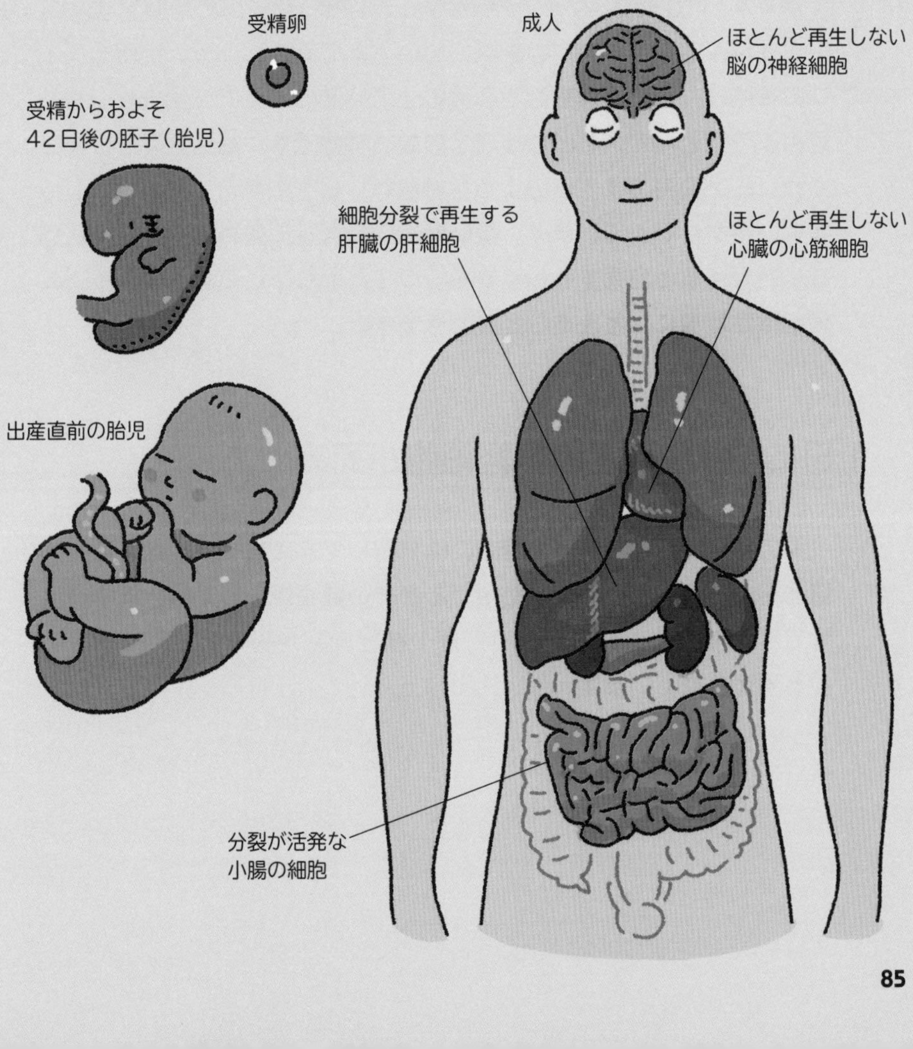

2 脳の細胞は，タイムリミットがくると死ぬ

神経細胞や心筋細胞は，100年近い寿命をもつ

体細胞を自死のしくみで分類すると，大きく2種類に分けることができます。「定期券」タイプの細胞と「回数券」タイプの細胞です。

まずは，定期券タイプの細胞についてみてみましょう。定期券タイプの細胞は，脳の神経細胞や心臓の心筋細胞のように，生まれてから死ぬまでほとんど入れかわることのない細胞です。細胞分裂をしないかわりに，長寿です。このような細胞は，ヒトの場合であれば，100年近い寿命をもっています。**長い期間にわたって使われて，タイムリミットがくると自死するしくみをもつことから，このようなタイプの細胞は定期券にたとえることができます。**

1日に約10万個の神経細胞が死ぬ

脳の神経細胞は，胎児の時期には分裂してふえます。**しかし生後はほとんどふえることなく，だんだんとその数を減らしていきます。**生涯で平均すると，1日に約10万個の神経細胞が脳で死んでいっていると考えられています。

分裂しない神経細胞

脳の神経細胞は，母親のお腹の中にいる間に分裂し，生後はほとんどふえることがありません。そして，期限がくると死んでしまいます。

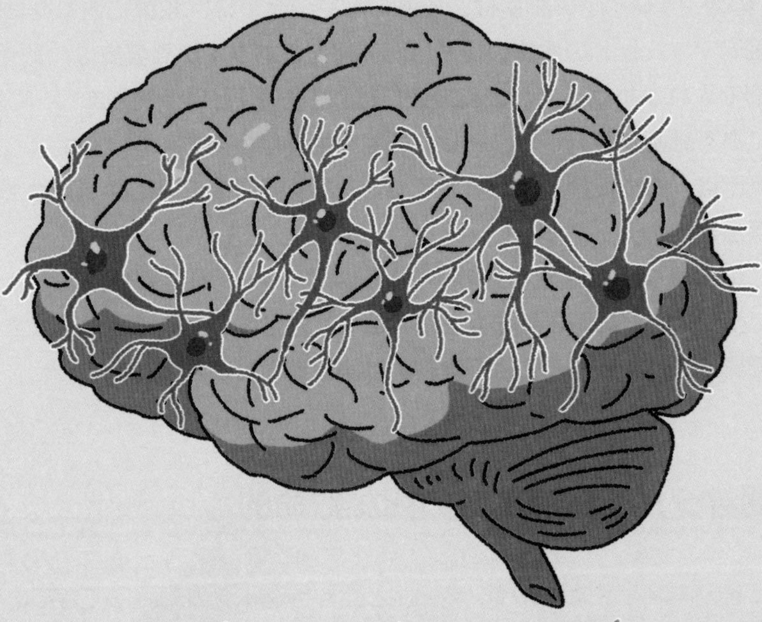

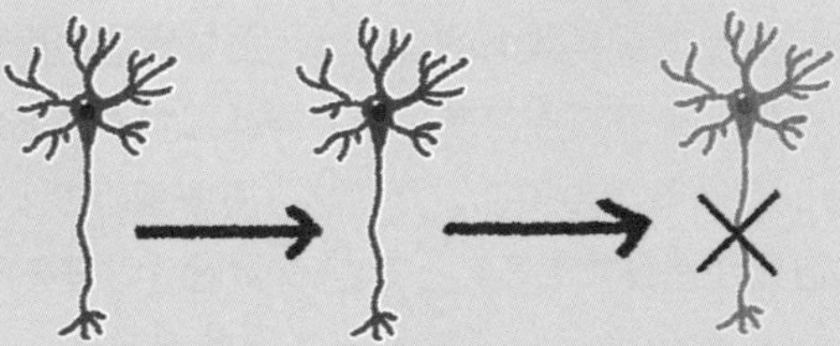

生まれたての
脳の神経細胞

脳の神経細胞は，
生後，ほとんど
分裂はしない

長い年月を経て，
脳の神経細胞は
自死する

3 皮膚の細胞は，分裂しすぎると死ぬ

ヒトの皮膚は，約4週間で入れかわる

「回数券」タイプの細胞は，皮膚の細胞のように，頻繁に入れかわる細胞です。ヒトの皮膚のいちばん外側をおおっている表皮は，約4週間で入れかわります。表皮の底には「基底層」という層があり，ここにある細胞が分裂して，新しい細胞を生みだします。新しく生まれた細胞は，徐々に押し上げられていき，約4週間後に垢となってはがれ落ちます。

このような細胞は，ヒトの場合，分裂を50～60回くりかえすと死に至ります。**細胞の寿命が時間ではなく，分裂の回数によって決まっていることから，このような細胞は回数券にたとえられます。**

「定期券タイプの細胞」の死が致命的

ヒトの体は，定期券タイプの細胞と回数券タイプの細胞でできています。**個体にとってより致命的なのは，ある程度の数の定期券タイプの細胞が死んでしまうことです。**脳の神経細胞や心筋細胞は，生命の維持に直結しているためです。ただし，皮膚細胞のような回数券タイプの細胞の自死が進みすぎることでも，個体は死に至ることがあります。

回数券タイプの皮膚の細胞

ヒトの皮膚のいちばん外側をおおっている表皮は，表皮の底にある基底層の細胞が分裂することでつくられます。分裂してできた細胞は順番に上へ押し上げられて，4週間ほどで皮膚の表面からはがれ落ちます。

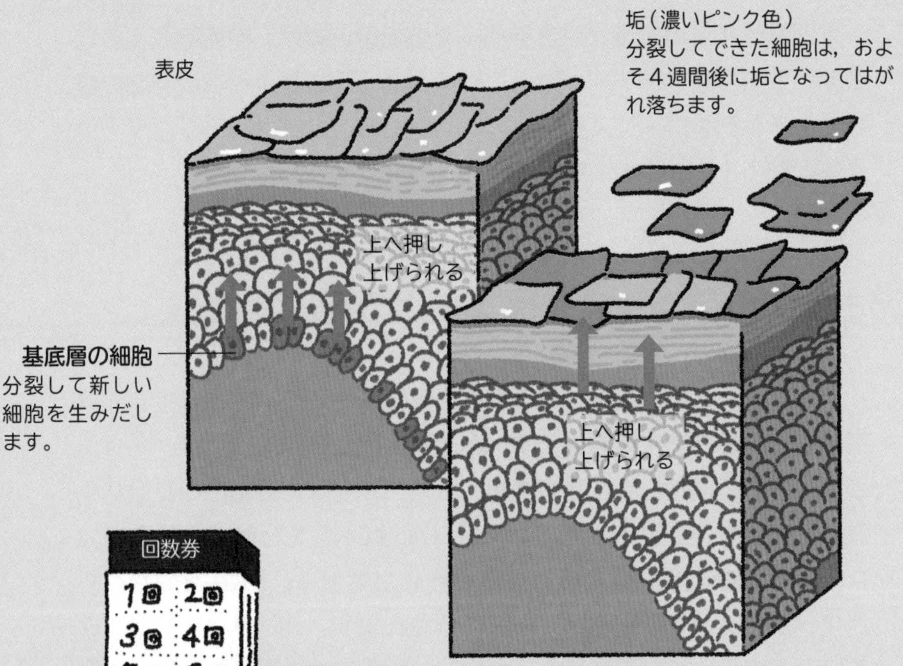

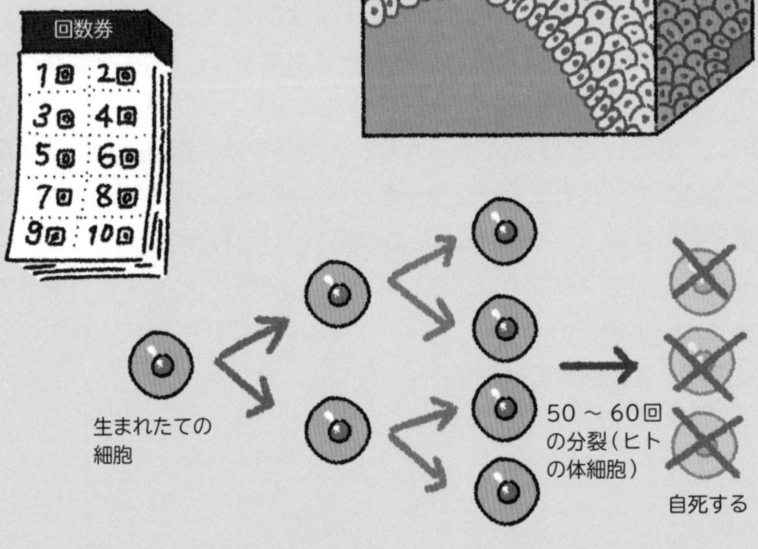

4 細胞が積極的に自殺する「アポトーシス」

回数券タイプの細胞の死「アポトーシス」

定期券タイプの細胞と回数券タイプの細胞とでは，自死のしくみにちがいがあります。研究が進んでいるのは，回数券タイプの細胞の自死である「アポトーシス」です。アポトーシスとは，ギリシア語で「葉や花が散る」という意味です。

アポトーシスは生命を保つための死

アポトーシスの引き金となるのは，老化やホルモン，ウイルス，放射線などのさまざまな刺激です。刺激を受けた細胞は，「カスパーゼ」という酵素のはたらきを高めます。カスパーゼは，細胞内のタンパク質を切りきざみます。また，カスパーゼはDNAを分解する酵素のはたらきを高めます。はたらきを高められた酵素は，DNAを細かく断片化します。やがて細胞は，小袋に分かれます。アポトーシスがおきるのは，老化したり異常になったりした細胞です。**こうした細胞を早めに取りのぞくことで，体は正常な状態を維持しています。このためアポトーシスは，「生命を保つための死」といわれます。**

一方，定期券タイプの自死のしくみは，あまりくわしくは分かっていません。小袋に分かれることなく，DNAが切断されて，凝縮していくのだと考えられています。

アポトーシスのしくみ

カスパーゼによってタンパク質が切りきざまれ，DNAは細かく断片化されます。やがて，細胞はバラバラになって，「アポトーシス小体」という小さな袋に分かれます。

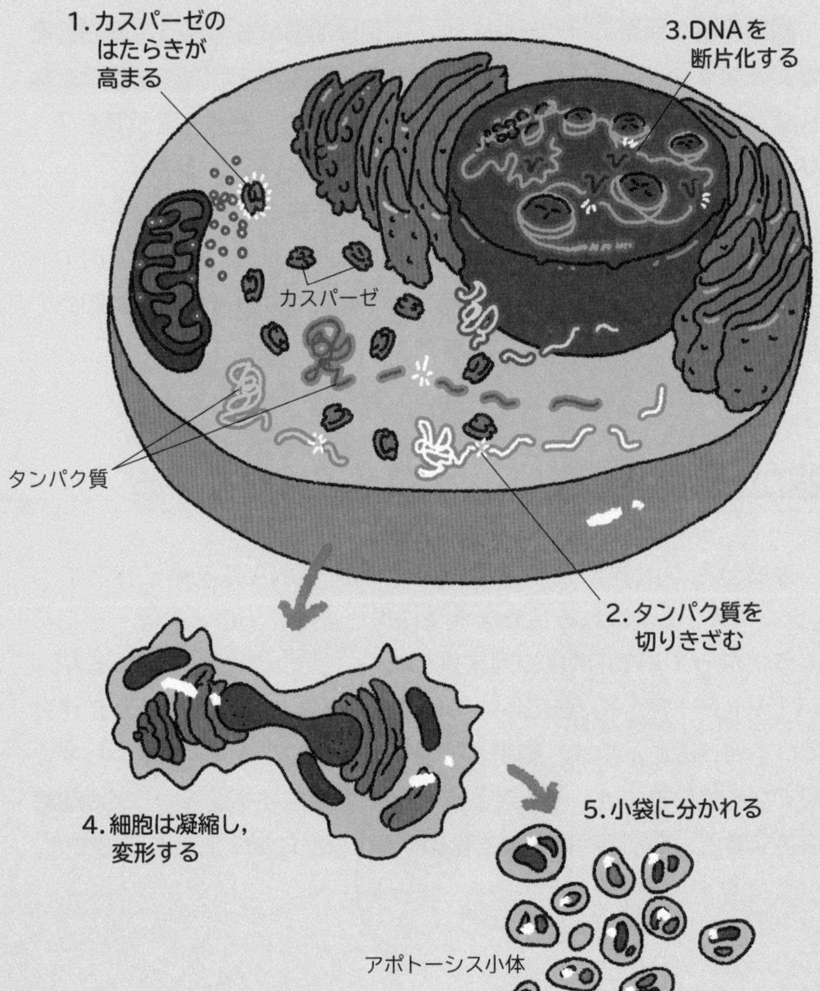

5 細胞の老化具合を決める「テロメア」

細胞が分裂を行える回数は，限られている

細胞分裂を頻繁に行う細胞では，細胞は加齢にともなって細胞分裂ができなくなり，さらにその形なども変化して本来の機能を果たせなくなっていきます。一度老化して，機能が衰え，細胞分裂ができなくなった細胞は，二度ともとの状態にもどることはできません。

生殖細胞などの例外を除き，私たちの体を構成する細胞が分裂を行える回数は限られています。歳をとると傷が治りにくくなる原因の一つは，肌をつくる細胞の中で，老化して分裂ができなくなった細胞の割合が多くなったためだといえます。

細胞が分裂するたびに，テロメアは短くなる

細胞分裂が限界に達する原因の一つは，DNAの末端に存在する「テロメア」とよばれる特殊な構造にあります。テロメアは，ヒモのようになっているDNAの両末端にあり，六つの塩基からなる配列（TTAGGG）が，約2000回（ヒトの赤ちゃんの場合）くりかえされている領域のことです。細胞が分裂するたびに，テロメアは少しずつ短くなっていきます。**そして，テロメアを構成する塩基が5000個程度になると，その細胞は分裂を止め，老化細胞になってしまうのです。**

DNAの末端にあるテロメア

DNAの末端では，「TTAGGG」という六つの塩基がくりかえされています。これがテロメアです。

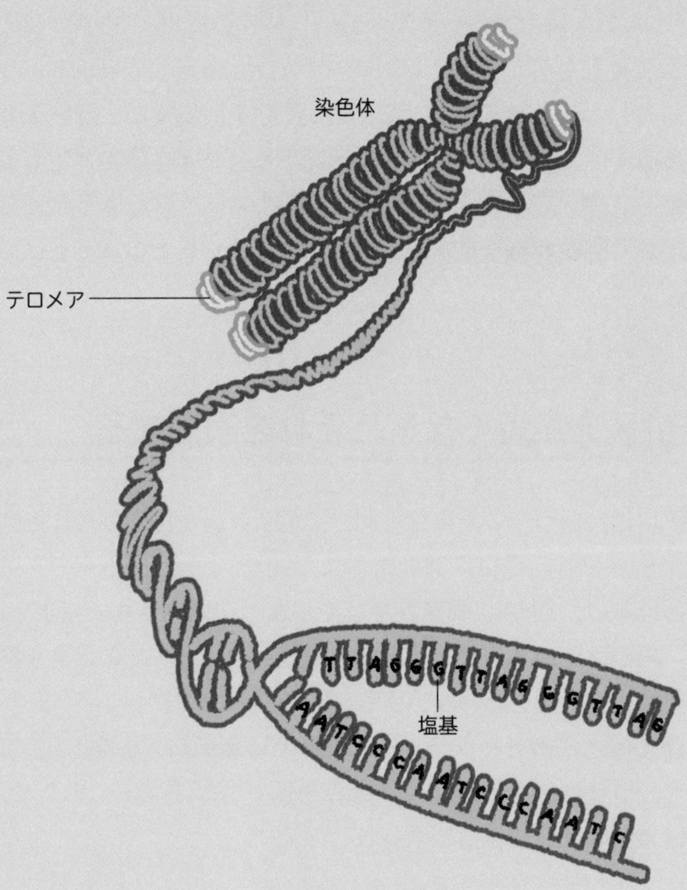

6 がんは，テロメアを操作して不死化する

テロメアは，DNAの末端を保護する

なぜ，DNAの末端にテロメアは存在するのでしょうか。

細胞のDNAの末端では化学反応がおこりやすいため，DNAがそのままの状態で存在していると，ほかの物質と反応したり，DNAどうしが結合したりしてしまいます。**DNAに異常が生じると，細胞のがん化はもちろん，生命活動を維持する機能にさまざまな異常が生じる可能性があります。このため，DNAの末端はキャップのようなもので保護しておく必要があります。**テロメアは，まさにその役割をになっているのです。

細胞はテロメアが短くなるとそれを察知する

テロメアには，もう一つ重要な役割があります。細胞のがん化を抑制するはたらきです。テロメアが限界まで短くなると，DNAの末端がむき出しになり，DNAに異常が生じてしまう可能性が高まります。そのため，細胞はテロメアがある程度まで短くなると，そのことを察知して，それ以上分裂を行わないようにしているのです。

がん細胞では，このセーフティーネットであるテロメアを，「テロメレース」という酵素でのばして，長さを保っています。このため，がん細胞は無制限に分裂をつづけられるのです。

がん細胞のテロメア

がん細胞では，DNAの末端にあるテロメアの長さが保たれています（上のイラスト）。がん細胞は，テロメレースという酵素によって，テロメアをのばしているのです（下のイラスト）。

がん細胞のイメージ（断面）

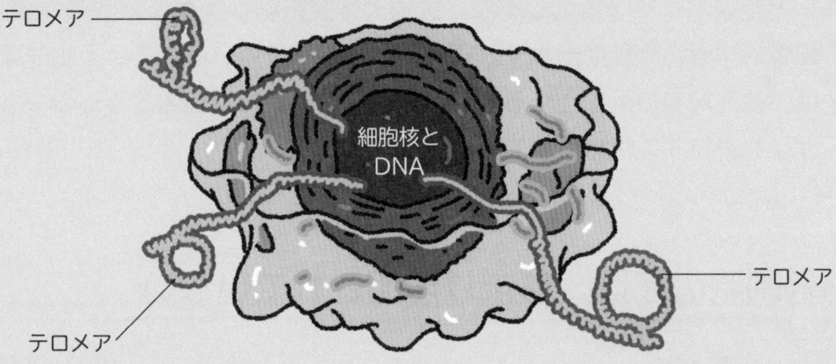

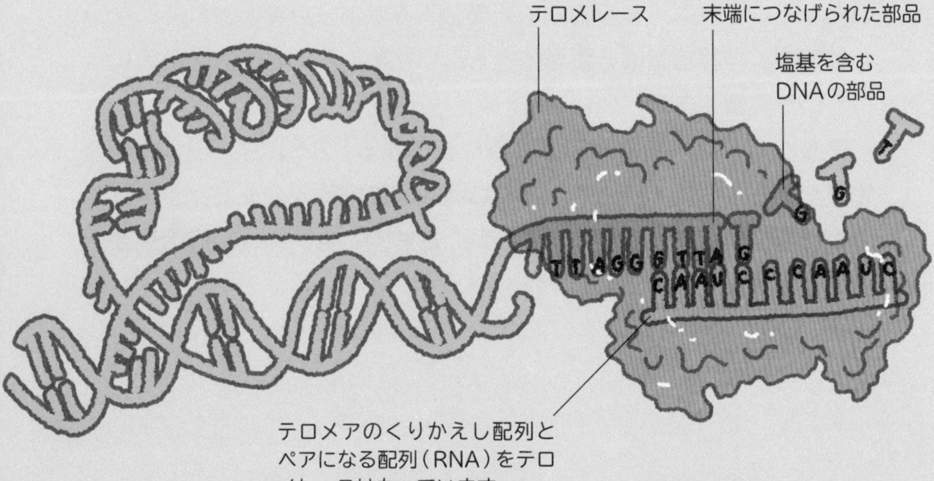

7 脳細胞の死が進みすぎるアルツハイマー病

アルツハイマー病は，神経細胞が急激に減る

「死がおさえられることによっておきる病気」ががんだとすれば，アルツハイマー病は，「死が進みすぎることによっておきる病気」です。

アルツハイマー病になると，大脳の神経細胞が急激に減っていき，記憶や思考に障害が出ます。 現在，その治療に用いられている主な薬は，神経細胞の死を止める薬ではなく，残った神経細胞どうしのつながりを維持するための薬です。

神経細胞の死は，あまり解明されていない

神経細胞の死をくいとめる薬があればよいものの，まだ実現はしていません。それは，神経細胞の死のしくみがあまり解明されていないためです。神経細胞は分裂増殖をしないため，実験材料をそろえにくいという実情もあるといいます。

アルツハイマー病の原因は，脳に蓄積する「アミロイドβ」という物質だと考えられています。**アミロイドβの蓄積が進むと，シナプスでの情報伝達などに支障があらわれ，最終的には，神経細胞の死が引きおこされます。**

アミロイドβの蓄積

アルツハイマー病では，アミロイドβが巨大なかたまりとなって，神経細胞にまとわりつきます。この巨大なかたまりは老人斑とよばれています。まとわりついたアミロイドβは，神経細胞にダメージをあたえ，細胞死を引きおこします。

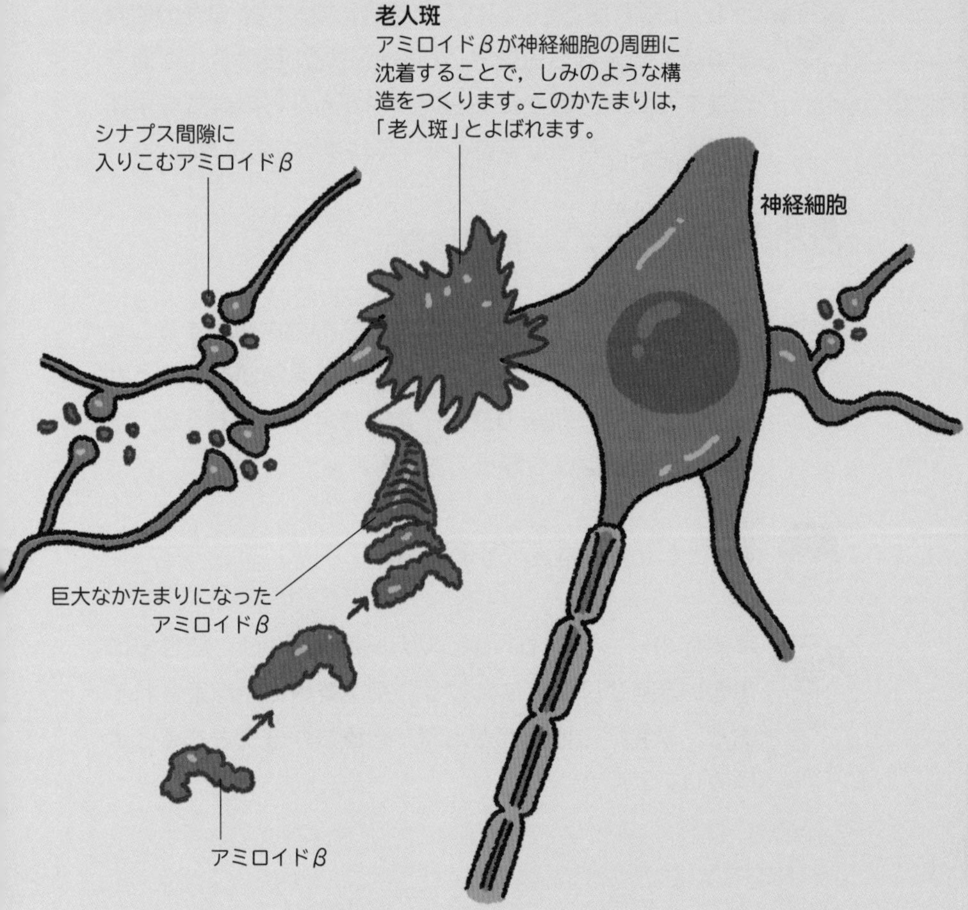

博士！
教えて!!

急速に老化が進む早老症って何？

老化が早く進む病気があるんですね。

うむ，「早老症」といわれている病気で，いくつかの種類がある。いずれも白髪やしわなどの見た目の老化が急速に進むんじゃ。ほかにも白内障やがんなどの病気を早期に発症して，若くして亡くなってしまうこともある。

原因は，わかっているんですか。

本来細胞にそなえられている，DNAの傷を修復するしくみや，染色体を安定化させるしくみに異常があることが多いようじゃ。原因の遺伝子まで特定されておるが，根本的な治療法はみつかっておらん。

むずかしい病気なんですね……。

早老症の一つである「ウェルナー症候群」は，全世界の患者の6割が日本人なんじゃ。指定難病にも認定されておる。早老症の研究が進んで，治療法が確立されるとよいのう。

アルツハイマー病の発見

笑いを忘れなかったアルツハイマー

4. 寿命は有性生殖とともに生まれた

私たち人間には，寿命があり，必ずいつかは死にます。いったいなぜ寿命が存在するのでしょうか。生物の進化を振り返りながら，寿命について考えてみましょう。

1 大腸菌には寿命がない

大腸菌に分裂の限界はない

私たちヒトの細胞は，タイムリミットがきたり，特定の回数分裂したりすると，みずから死にます。このような自死のしくみは，生物の進化上，いつからあるのでしょうか。

たとえば大腸菌は，遺伝子のセットを一つもつ生物です。このような生物を,「1倍体生物」といいます。大腸菌は分裂によってふえます。ふえるときには，あらかじめ遺伝子のセットをもう一つコピーしておき，分裂するときに1セットずつ分配します。分裂してできた個体がもつ遺伝子のセットは，元の個体とまったく同じです。

大腸菌は，栄養があるかぎり分裂して数をふやすことができ，分裂の回数に限界はありません。みずから死ぬことはなく,いわば不死です。

20億年間，生物はみずからは死ななかった

最初の生命が誕生してからおよそ20億年間，地球にいた生物は大腸菌のような1倍体生物であり，分裂でふえていたと考えられています。**つまり20億年の間，生物はみずからは死ななかったのです（事故死はします）。**大腸菌のような繁殖のしくみは，「無性生殖」とよばれています。

大腸菌の無性生殖

大腸菌のような1倍体生物のふえ方を無性生殖といいます。大腸菌のDNAは環状でテロメアがないため，分裂回数の制限がなく，分裂をくりかえしてふえつづけます。

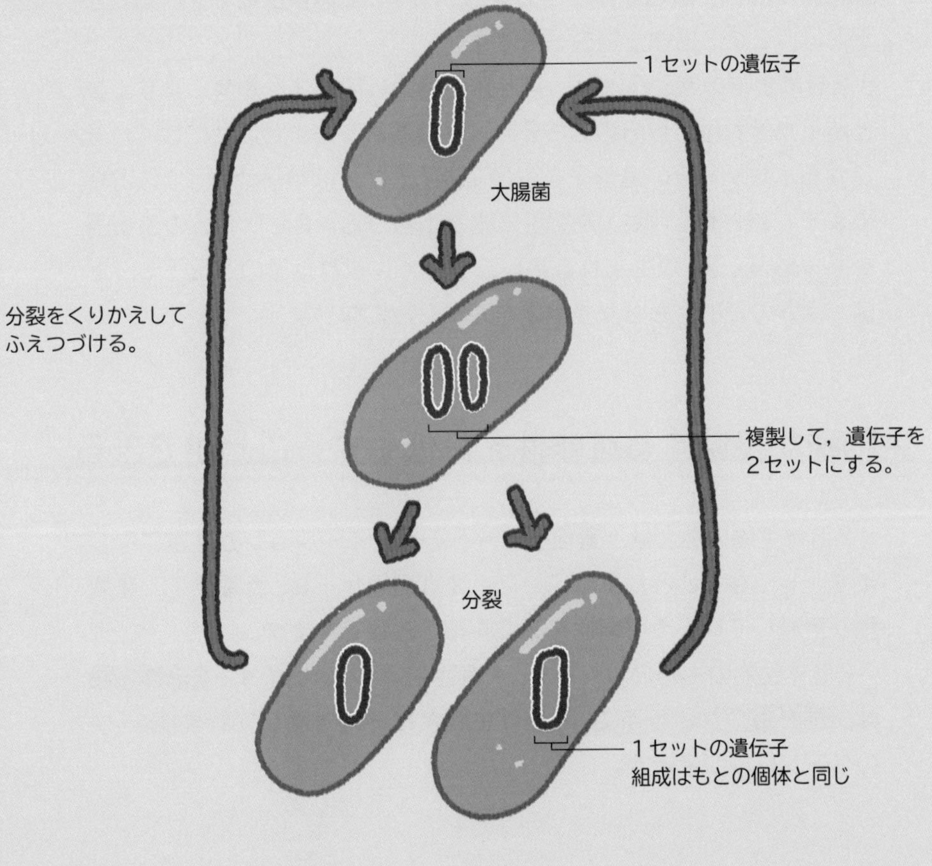

2 死は，有性生殖からはじまった

自死のしくみをもつ，２倍体生物

生命誕生から約20億年後，自死のしくみをもつ生物があらわれました。それは，遺伝子のセットを二つもつ，２倍体生物です。私たちヒトは，この２倍体生物の一員です。

２倍体生物のほとんどは，雄と雌が協力して個体をふやします。雄と雌それぞれは，自分のもつ２セットの遺伝子をまぜこぜにして，そこから１セット分の遺伝子を生殖細胞（たとえば精子や卵子）におさめます。雄と雌（両親）の生殖細胞が出会うと，２セット分の遺伝子をもつ個体（子）が生まれます。こうして生まれた子の遺伝子セットは，ほかのだれともちがう組成をもつことになります。

生物種が絶滅する可能性を，低くすることができる

２倍体生物の場合は，遺伝子セットのバリエーションが豊富になります。そうなることによって，たとえば環境が一変した場合に，生物種が全滅してしまう可能性を低くすることができます。

２倍体生物の生殖のしくみを，「有性生殖」といいます。**２倍体生物は，性をもつという点で，１倍体生物とは一線を画しています。**（次のページにつづきます。）

ヒトの有性生殖

ヒトの体をつくる細胞には，23本の染色体が2セット，合計46本の染色体があります。それらがつぎはぎされて，23本の染色体をもつ精子や卵子がつくられます。そして，両親から23本ずつ子に受けわたされます。

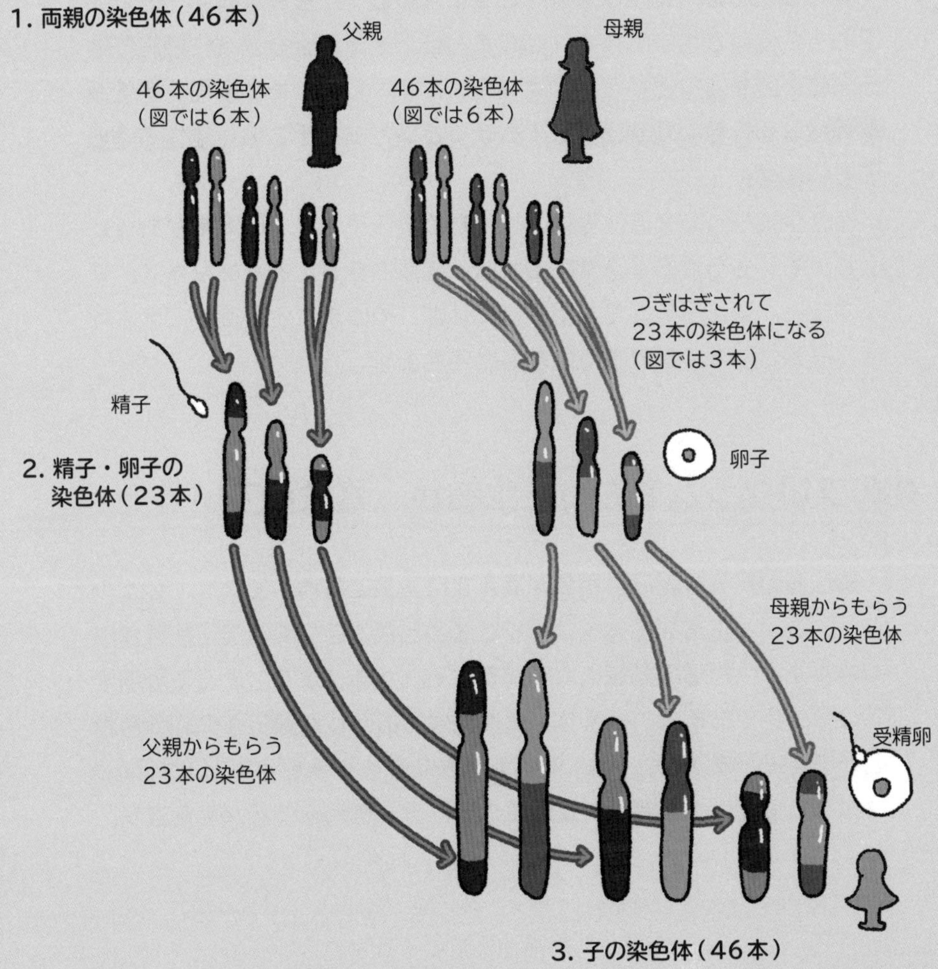

3 異常な遺伝子セットは，死によって取り除かれる

異常な遺伝子が，子孫に受けつがれる可能性がある

有性生殖では，遺伝子をまぜこぜにするので，多様な遺伝子セットをもった個体が生まれます。**このことは，さまざまな環境に適応できる個体が生まれるという点ではプラスです。しかしその反面，遺伝子の異常な組み合わせが出現してしまうというマイナスの可能性もはらんでいます。**

有性生殖を行う2倍体生物は，片方の遺伝子セットに異常があったとしても，もう片方が正常であれば，成長できることがあります。そうすると，遺伝子の異常な組み合わせは，そのまま生殖細胞に含まれて，子孫に引きつがれる可能性も出てきます。

死のプログラムをもった生物が，繁栄している

遺伝子の異常な組み合わせが消えずに子孫に蓄積していってしまうと，いつか，正常な個体をつくりだすことができなくなる可能性が出てきます。生物種の絶滅につながるおそれがあります。そこで登場するのが，死であるといいます。**有性生殖でおかしな遺伝子の組み合わせができてしまったときに，それを消去するしくみ（死のプログラム）をもった生物が生き残り，繁栄できていると考えることができます。**

死の役割とは

有性生殖では，異常な遺伝子の組み合わせが，子孫に受けつがれてしまう可能性があります。それを断ち切るのが，死です。異常な遺伝子の組み合わせが蓄積するのを防ぐことが，死の役割だと考えることもできるのです。

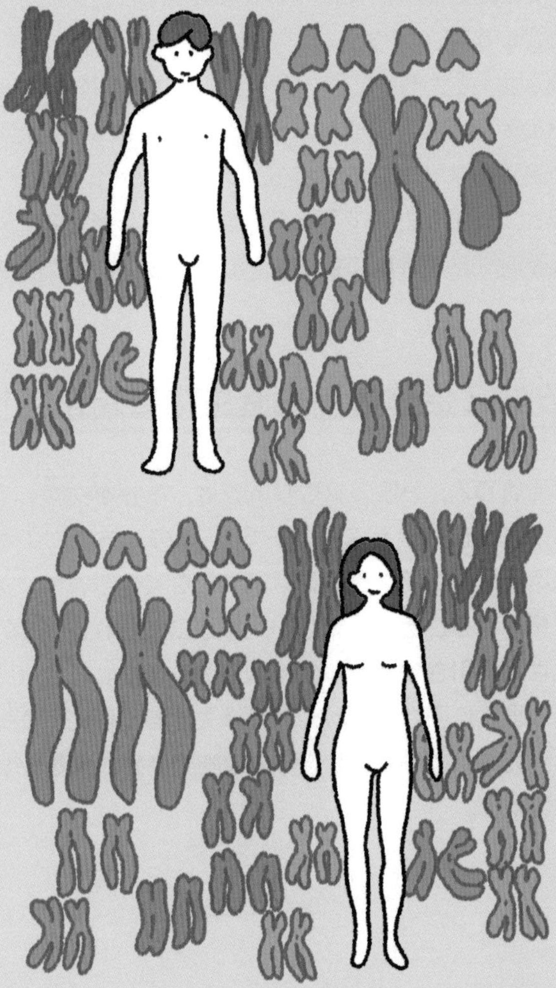

4 原始的な寿命をもつ ゾウリムシ

有性生殖をすれば，命をつなぐことができる

２倍体の単細胞生物で，性と死のしくみをもつためによく研究されている生物がいます。ゾウリムシです。

ゾウリムシは，「大核」と「小核」という二つの核をもっています。小核を取りのぞいても，ゾウリムシは生きられます。ただし小核がないと，有性生殖がなりたたちません。ゾウリムシは，600～700回ほど分裂すると，異常がおきて死んでしまいます。**その前に，有性生殖をして遺伝子セットを新しくすれば，また命をつなぐことができます。**

死のしくみは２倍体の単細胞生物に端を発する

有性生殖を行うと，2匹のゾウリムシは，小核を交換して新しい小核をつくります（右のイラスト１～３）。その一方で，これまで使っていた大核は断片化して，最後には消えてなくなります。そして，新しい小核を複製することで，新しい大核がつくられます（4～5）。

小核は次世代に引きつがれ，大核は消失します。これは，私たちの生殖細胞が次世代に引きつがれ，体が消失する関係に似ています。**このことから，死のしくみは，２倍体の単細胞生物に端を発していると考えられています。**

ゾウリムシの有性生殖

ゾウリムシの有性生殖（接合）の方法を示しました。ゾウリムシには，大核と小核の二つがあります。有性生殖をすると，もとの小核は次世代に引き継がれて，大核は消滅します。そして，小核から新たな大核がつくられます。

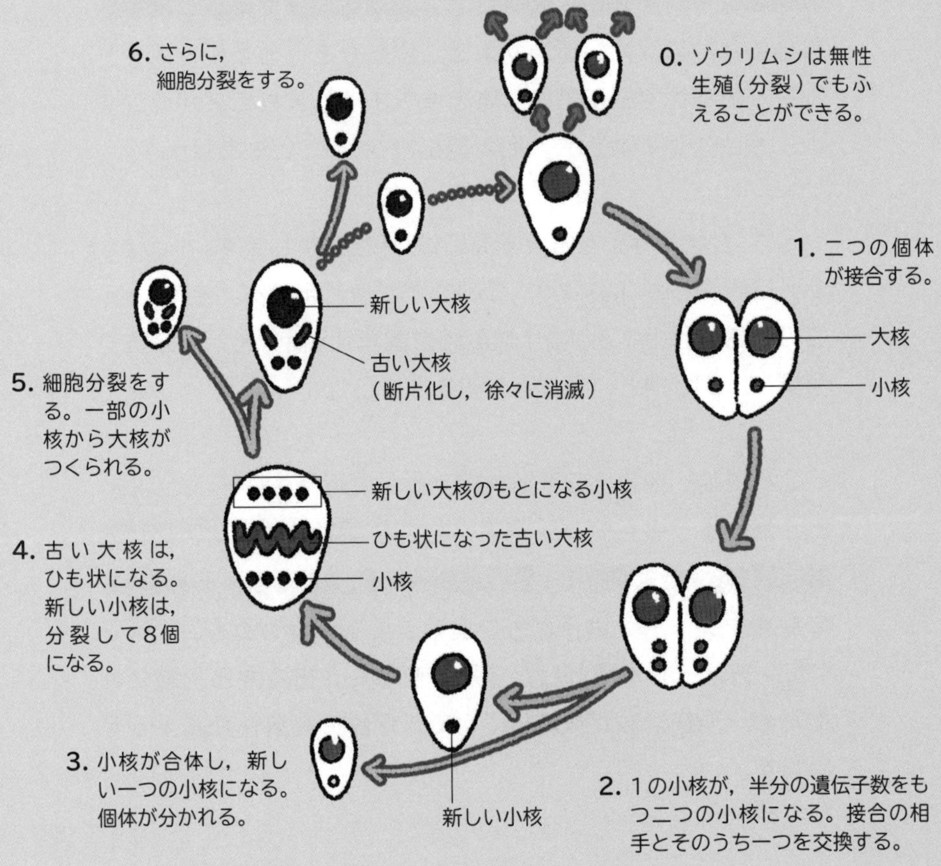

推定512歳のサメ

2016年，アメリカの科学誌「Science」に，あるサメの年齢についての論文が掲載されました。**なんと北大西洋にすむニシオンデンザメが，最長で512歳の可能性があると推定されました。**ニシオンデンザメは，体長がおよそ5～6メートルで，雑食性で主に小さな魚を食べます。まれにアザラシやホッキョクグマなどが，胃から発見されることもあります。

通常，動物の年齢を推定するには，骨を分析します。しかし，サメは軟骨しかないので，この方法が使えません。そのため，このときは目の水晶体を「放射性炭素年代測定」という方法で分析し，512歳という推定年齢を得ました。

これ以前，地球上の脊椎動物で最も長寿とされていたのは，211歳のホッキョククジラでした。**今回のニシオンデンザメは，これを大きく更新し，世界最長寿の動物だと考えられます。**ニシオンデンザメは子どもを産むまで150年かかり，1年で1センチメートルほどしか成長しません。古くから乱獲されたため，現在は数が激減していて，保護の必要性が高まっています。

ホッキョククジラさん
ニシオンデンザメさん

博士！
教えて!!

人の寿命はまだのびる？

博士，いちばん長生きした人は，何歳まで生きたんですか？

正確な記録が残っている範囲では，122歳じゃ。このため，人間の寿命の限界は，120歳くらいだといわれておるぞ。

ニュースで，日本人の平均寿命が最長を更新したっていってました。寿命は，これからものびつづけるんですか？

うーむ。日本人の平均寿命は男性で約81歳，女性で約87歳。これは生理学的な限界に，かなり近いと考える研究者もおるんじゃ。

じゃあ，科学が発達しても，これ以上はのびないんでしょうか？

可能性は，なくはないぞ。まだ実験レベルの話じゃが，近年，長寿につながるとされる遺伝子が注目を集めておる。長生きして，成果を見届けたいもんじゃな。

5 生きている間，DNAには傷がたまりつづける

DNAには，1日あたり数千個もの傷がつく

細胞分裂を行う際には，DNAの複製ミスがおきることがあります。また，普通に生活していても，紫外線や，体内に発生する活性酸素などによってDNAには傷がつきます。傷とは，DNAの塩基が本来とはことなるものに変化したり，塩基が失われたりすることです。**1個の細胞に含まれるDNA（総塩基対30億）には，1日あたり数千個もの傷がつくと考えられています。**

修復を行ったとしても，傷は残る

これらの傷を放置しておくと，生命活動に支障が出るため，修復酵素によってDNAの傷はたえず修復されています。ただし修復を行ったとしても，塩基1000個のうち1個以下という割合で，傷は残ります。こうした傷は体細胞だけではなく，生殖細胞にもついています。

長く生きた個体の遺伝子は，傷が多い傾向にあります。こうした個体の生殖細胞を使って子孫をつくると，傷がさらにたまっていき，その生物種が最終的には絶滅する可能性が高くなると考えられます。**これをいちばん安全に回避する方法が，ある程度時間が経ったところで，古い個体が必ず死ぬようにプログラムしておくことなのです。**

DNAのさまざまな変異

DNAの中では，「GATC」の４種類の塩基が，決まったパターンで並んでいます。その塩基の位置が入れかわったり，間隔がつまったりすることを，DNAの傷（変異）といいます。

元の塩基配列

置換　AがGに置きかわった

挿入　TとCの間にAとGが割って入った。

欠失　CとTの間のAが失われ，間がつまった。

6 DNAの傷は，進化にも結びつく

傷ができないのも，のぞましいことではない

生物はエネルギーをついやして，DNAの傷をたえず修復しています。**しかし，傷がまったくできないというのも，実は生物にとってそれほどのぞましいことでもないのです。**

生存に有利な変化がおきることもある

多くの場合，DNAに記録されている遺伝子に傷がつくと，異常増殖するがん細胞に変化したり，本来とことなるタンパク質がつくられたりするという不都合が生じます。ところが，たまたまいくつかの変化が重なり，むしろ生存に有利な変化がおきることもあります。**このような都合のよい変化が度重なることで，生物は進化してきたと考えられています。**

長年の間に生命の設計図である遺伝情報に書きかえが生じ，それにともなって生物の形態などもかわっていきます。これが進化です。DNAに記録されている遺伝子に傷がまったくつかなければ，進化はおきないのです。

書きかわる生命の設計図

遺伝情報が書きかわり，生命が進化していくイメージをえがきました。遺伝情報は，ATGCという4種類の文字で記されています。遺伝情報に書きかえが生じると，生物の形態などがかわることがあります。これが進化です。

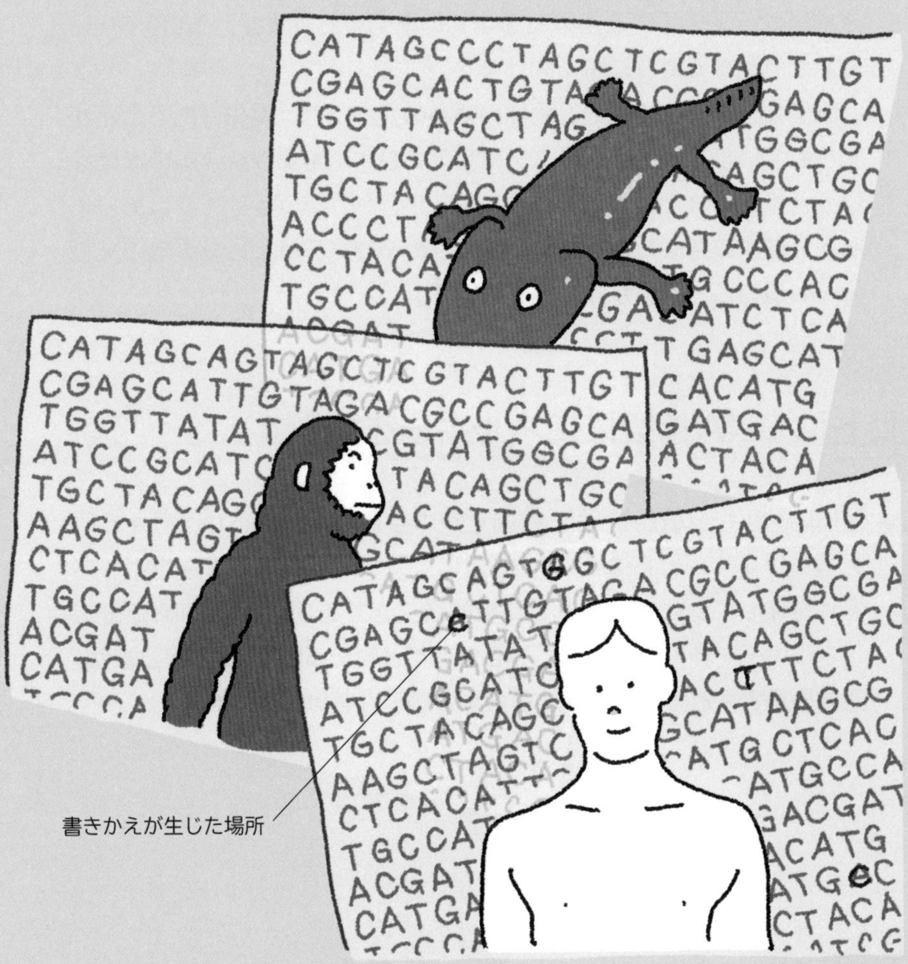

7 生物の寿命を決める要因は，よくわからない

テロメアの長さで寿命が決まる？

生物の個体の寿命の長さは，何で決まるのでしょうか？ DNAの末端には，テロメアとよばれる塩基の配列があります。テロメアは，細胞が分裂するたびに短くなります。

細胞が分裂できる回数と個体の寿命の長さには，関係があることが知られています。そのため，テロメアの長さで寿命が決まるのではないかと考えられた時代もありました。しかし，実際はそうではありません。**数年の寿命しかもたないマウスのテロメアは，ヒトのテロメアよりも長いことがわかっているのです。**

ヒトはDNA修復にエネルギーを費やす

「エネルギーの配分」が，寿命を決める要因ではないかと考える研究者もいます。ヒトはDNAの修復に，マウスは繁殖にエネルギーの多くを使っています。ヒトが比較的長生きする理由は，DNA修復にエネルギーを多めに費やしているからだと考える説です。**しかしまだ，寿命の長さがどうやって決まるのか，明確な答はありません。**

寿命の長さはさまざま

170年以上も生きるガラパゴスゾウガメや，8年ほどしか生きないミツバチなど，生物の寿命の長さはさまざまです。何が寿命を決めているのか，はっきりとした答は出ていません。

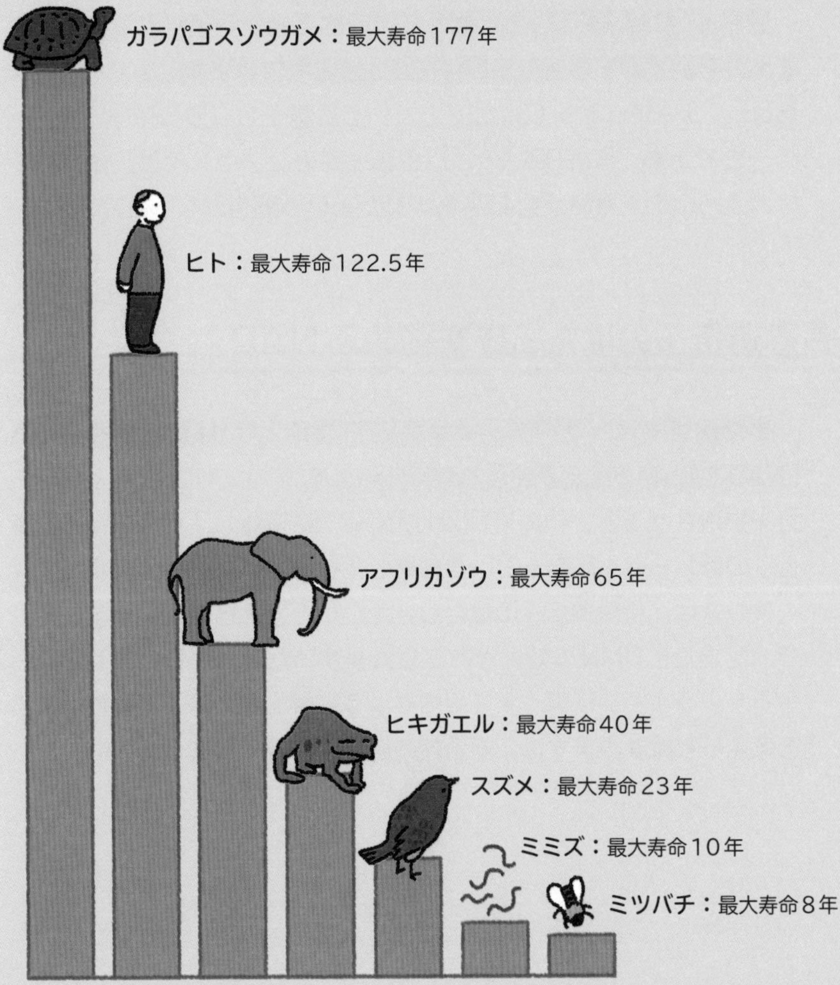

出典：『理科年表 平成31年』

8 「長寿遺伝子」が寿命をもっとのばすかもしれない

細胞の老化を遅らせる可能性がある，「長寿遺伝子」

近年，「長寿遺伝子」とよばれる，細胞の老化を遅らせるはたらきをもつ可能性がある遺伝子の存在が注目されています。中でも有名なのは，「サーチュイン（Sirtuin）」という総称をもつ遺伝子群です。その一つである，「SIRT6」のはたらきを高めたマウスでは，雄だけではあるものの，寿命が約15％ものびたという報告がなされています。

長寿遺伝子のはたらきを強めるNAD⁺

また最近では，サーチュイン遺伝子「SIR2」のはたらきを強める「NAD⁺」という成分が注目を集めています。マウスにNMNという成分を摂取させると，体内でNMNがNAD⁺に変化し，サーチュイン遺伝子のはたらきを高めるという結果が得られているといいます。

マウスは，長寿遺伝子のはたらきが弱いと考えられています。それで，たまたまNMNの効果があらわれやすいだけかもしれません。もちろん，うまくいけば，人でも同じように寿命がのびる可能性はあると考えられます。まずは，安全性の確認が必要でしょう。

DNAを安定化させるSIR2

DNAは，「ヒストン」というタンパク質に巻きついています。しかし，ヒストンに「アセチル化」という反応がおきると，DNAがほどけて不安定になります。SIR2はNAD$^+$によって活性化されると，ヒストンを元にもどして，DNAを安定化させます。

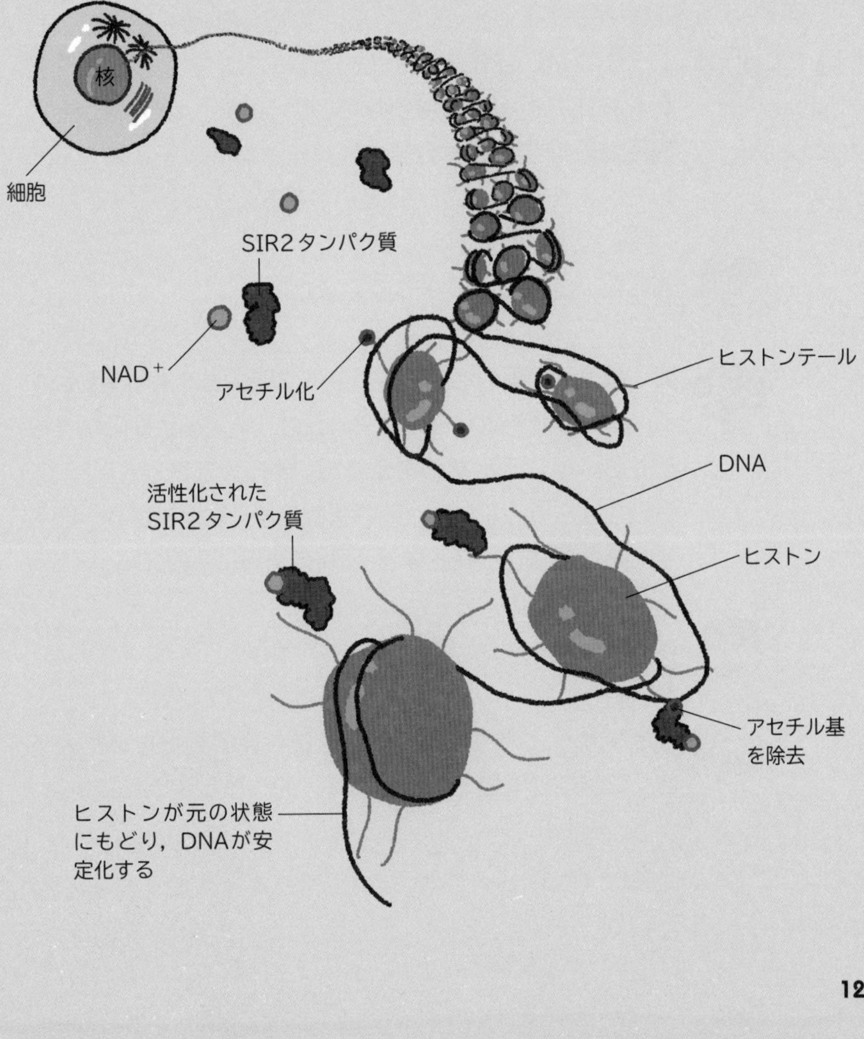

博士！
教えて!!

クマムシって不死身なの？

最強の生物はクマムシだって聞いたんですけど，どんな生物なんですか？

クマムシは，体長1ミリメートルもないような水生生物じゃ。体内の水分量は80パーセントほどあるんじゃが，周囲が乾燥すると水分量を数パーセント以下にまで減らして小さく縮み，「乾眠」という状態に入るんじゃ。

哺乳類の冬眠のようなものですか？

哺乳類は，冬眠のときも呼吸をし，最低限の生命活動はする。ところが乾眠状態のクマムシは，一切の生命活動を停止する。そして水をあたえると，体の大きさがもどって，活動をはじめるんじゃ。乾眠状態では，乾燥のほか，超高温や超低温，真空，高圧など，極限の環境にも耐えられるぞ。

じゃあクマムシは，不死身なんですか？

残念ながら，乾眠に入る前に急激な環境変化をあたえると，細胞内の準備が間に合わず，死んでしまうんじゃよ。

Staff

Editorial Management	木村直之
Editorial Staff	井手 亮
Cover Design	岩本陽一
Editorial Cooperation	株式会社 美和企画（大塚健太郎，笹原依子）・青木美加子・寺田千恵

Illustration

表紙カバー	羽田野乃花
表紙	羽田野乃花
3	羽田野乃花
6~23	羽田野乃花
25	加藤愛一さんのイラストを元に羽田野乃花が作成
27~95	羽田野乃花
97	木下真一郎さんのイラストを元に羽田野乃花が作成
99~125	羽田野乃花

監修（敬称略）：
田沼靖一（東京理科大学研究推進機構総合研究院教授）

本書は主に，Newton 別冊『死とは何か』の一部記事を抜粋し，
大幅に加筆・再編集したものです。

初出記事へのご協力者（敬称略）：
石川冬木（京都大学大学院生命科学研究科教授）
岩瀬博太郎（千葉大学大学院医学研究院附属法医学教育研究センター教授，
東京大学大学院医学系研究科法医学講座教授（兼任））
遠藤昌吾（東京都健康長寿医療センター研究所老化脳神経科学研究チーム研究部長）
岡田隆夫（順天堂大学医学部医学教育研究室特任教授，同大学名誉教授）
小川純人（東京大学医学部附属病院老年病科准教授）
片山容一（日本大学名誉教授，青森大学脳と健康科学研究センター長・青森新都市病院総長兼院長）
川内聡子（防衛医科大学校防衛医学研究センター生体情報・治療システム研究部門講師）
川上嘉明（東京有明医療大学看護学部看護学研究科教授）
小林武彦（東京大学定量生命科学研究所教授）
重本和宏（東京都健康長寿医療センター研究所自然科学系副所長・老年病態研究チーム研究部長）
田沼靖一（東京理科大学研究推進機構総合研究院教授）
村山繁雄（東京都健康長寿医療センター神経内科・高齢者ブレインバンク（神経病理）部長）

ニュートン式
超図解 最強にわかる!!
死とは何か

2020年4月15日発行　2021年7月20日 第2刷

発行人　高森康雄
編集人　木村直之
発行所　株式会社 ニュートンプレス　〒112-0012 東京都文京区大塚3-11-6

ISBN978-4-315-52224-2